WAS IST WAS

学习源自好奇 科学改变未来

未来能源

第一辑·全10册

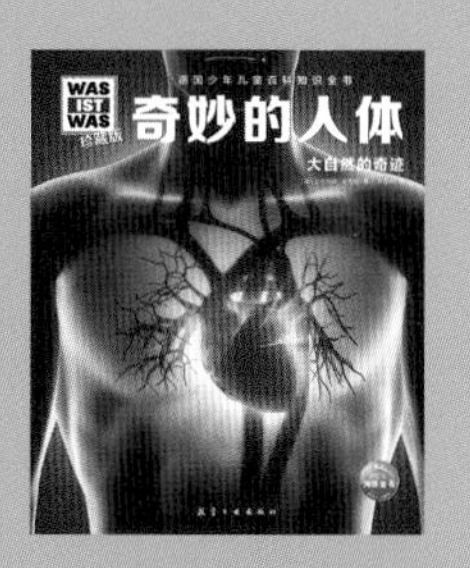

第二辑·全10册

第三辑·全10册

第四辑·全10册

第五辑·全10册

第六辑·全10册

第七辑·全8册

WAS IST WAS
珍藏版

德国少年儿童百科知识全书

奇妙的昆虫

六条腿的生存艺术家

[德] 雅丽珊德拉·里国斯 / 著　梁进杰 / 译

航空工业出版社

方便区分出
不同的主题！

真相大搜查

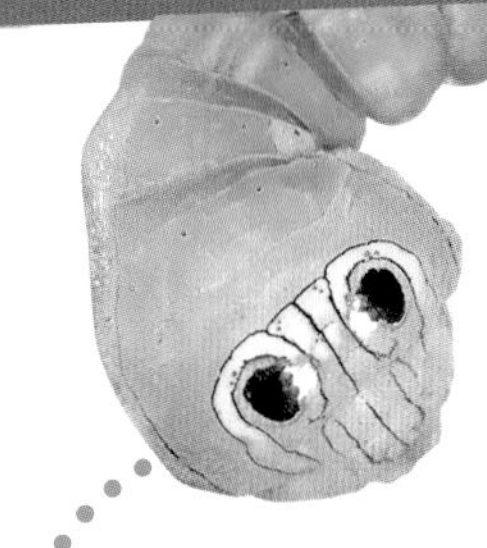

21
伪装和欺骗是昆虫王国中重要的生存艺术。

16 昆虫是如何生活的？

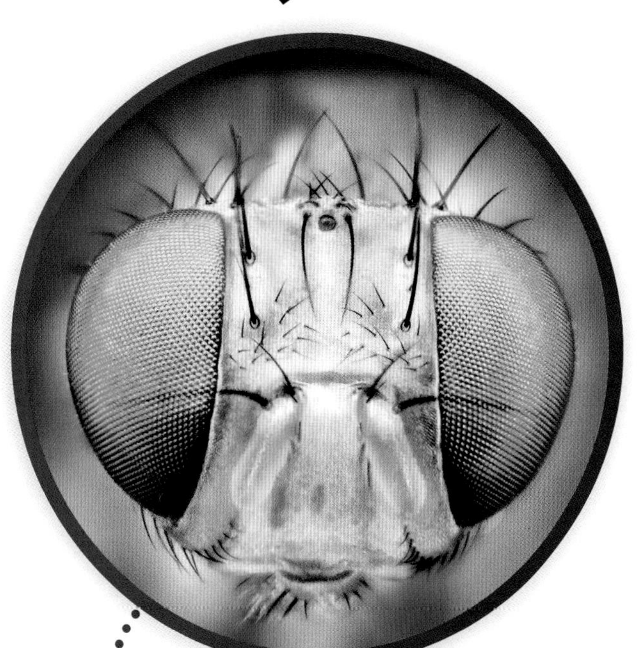

10
凭着这双大大的复眼，我们就能认出这是蝇类。

19
毛毛虫用刺眼的色泽发出警告：别碰我！我有毒！

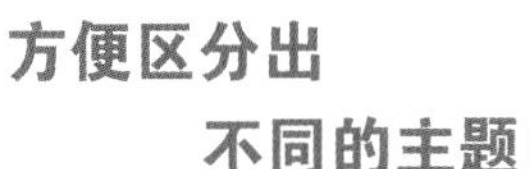

4 昆虫是什么？

7
这些令人着迷的锹甲喜欢生活在古老的橡树林里。

符号▶代表内容特别有趣！

15
蜻蜓是最古老的昆虫之一，在史前时期，它们的体形比今天大得多。

29

古埃及人对蜣螂（又称“屎壳郎”）大加崇拜，并称之为“圣甲虫”。

28 多种多样的昆虫

35

家蝇是如何看待“卫生”的呢？

30

蝴蝶是美丽且物种丰富的昆虫类群。

40 人类与昆虫

41

由于蜜蜂数量急剧减少，有些地方的人们需要对果树进行人工授粉。

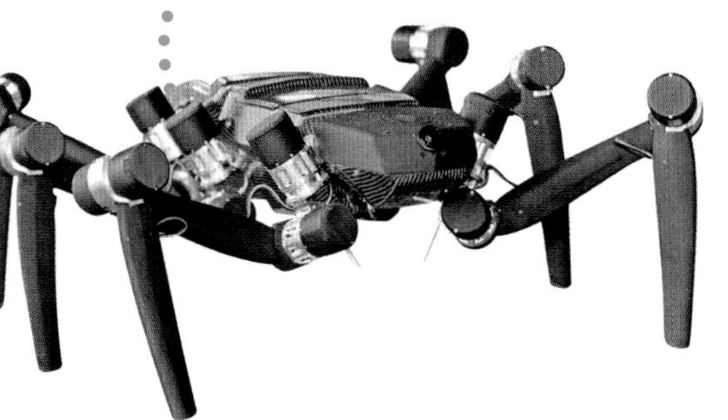

44

工程师参考竹节虫的身体结构设计出了步行机器人。

48 名词解释

重要名词解释！

姓　名：米夏埃尔·奥尔
职　业：昆虫研究者
爱　好：撰写科学书籍、旅行

米夏埃尔·奥尔最喜欢待在博物馆里，安安静静地研究蜂类昆虫。

一点都不恶心！

作为昆虫研究员，你的工作内容主要是什么？

首先，我不是那种在野外观察动物的人，也许是因为我在这方面缺乏耐心，毕竟活生生的动物的踪迹总是让人很难以捉摸。我更喜欢坐在博物馆里，研究收藏的昆虫标本。它们虽然已经死了，却依然在讲述着自己不同的生活方式。这种不可思议的多样性让我十分着迷。我的主要研究方向是蜂类昆虫，我想知道，世界上究竟有哪些类型的蜂。

有时候，米夏埃尔·奥尔也会带上自己的儿子一起外出考察。他们在这片热带森林里捕捉蜂类昆虫。

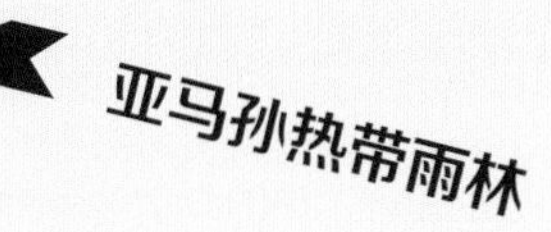

你是如何踏入这个领域的？

从6岁起，我就梦想成为生物学家。起初我对蜘蛛更感兴趣，还在房间里饲养蜘蛛。然后我发现，有些蜂会捕杀蜘蛛并将它们喂给自己的后代。这让我感到很兴奋。很快我便了解到，其实自然界有各种各样的蜂，并且它们的颜色、体形和生活方式各不相同。光是我研究的狩猎蜂，就有大约一万个已知种类，可能还有数千种尚未被发现。

那你是否要了解每一种蜂呢？

我就是一个好奇的人。我想知道，我们在跟哪些生物一起共享这个星球。只有当你知道地球上存在着什么时，你才能思考为什么会这样，以及这一切是如何运转的。只有当你知道哪些物种生活在哪里时，你才能想办法去保护它们。可惜，在我们生活的这个时代，很多物种正在消亡。

如果没有蜜蜂或其他传粉媒介，这种草莓植株几乎无法结出果实。

如果没有昆虫，我们会缺少什么呢？

如果世界上没有昆虫，我们就没有早餐时用来涂在面包上的蜂蜜，也不会有蘸薯条的番茄酱。只有昆虫帮花朵授粉，西红柿才能结出果实。没有了昆虫，我们也将无法吃到其他的水果和蔬菜，如苹果、草莓、辣椒、黄瓜等。事实上，没有昆虫，就没有我们的花花世界，因为几乎所有种子植物都是由昆虫传播花粉的。没有了昆虫，蜘蛛、蜥蜴和青蛙就不得不挨饿。另外，鸣禽也将无法生存，因为它们的雏鸟以虫子为食。

那你本人是否发现过新物种？

当然，我发现了 30 种左右。当找到以前从未见过的物种时，我总会感到特别兴奋；另外，给新物种起名字也是一件有趣的事情。有一次，我们以《哈利·波特》里那种摄取受害者灵魂的“摄魂怪”来命名一种来自泰国的泥蜂——“摄魂扁头泥蜂”。这种扁头泥蜂一旦往猎物身体里刺入毒液，便能将它们化为丧尸，然后变为自家幼虫的食物。

像这只雨蛙一样的两栖动物以昆虫为食。

怪不得很多人认为昆虫很恶心……

老实说，我认为昆虫一点都不恶心。只要仔细观察，你就会发现它们有多迷人。不仅在热带地区，实际上我们在德国就能找到色彩缤纷、形状多样的昆虫。

这个整齐地钉满昆虫标本的盒子，虽然并非对于每个人都有意义，但是对于科学而言非常重要。

你有 4 个孩子，他们也会像你一样对昆虫如此着迷吗？

那当然，我的孩子是由昆虫伴随着长大的，对昆虫感兴趣是自然而然的。我 15 岁的儿子就特别喜欢昆虫和蜘蛛，他的房间里到处都是装着热带蜘蛛的玻璃容器。我觉得这样很好。如果孩子对某些东西很有兴趣，父母应当给予支持。

许多像蓝山雀这样的鸣禽以昆虫为食，即使是那些吃谷物的鸣禽也需要虫子来喂养自己的雏鸟。

惊人的多样性

鸟类
鱼类
爬行动物
哺乳动物
两栖动物
鞘翅目昆虫
其他无脊
动物
其他昆
无脊椎动物
昆虫
鳞翅目昆虫
膜翅目昆虫
双翅目昆

约翰·霍尔丹是英国著名的自然科学家，他在遗传学上提出过重要的见解。有一次，一个虔诚的人问他，人们从他写的关于上帝的论文中可以学到什么，霍尔丹直截了当地回答:“上帝似乎特别偏爱甲虫。”不管这个故事是真实的还是纯属虚构，可以确定的是，没有任何一种动物的种类数量能与甲虫——鞘翅目昆虫相媲美。以较大数量差距排在其后的分别是鳞翅目昆虫（包括蝶和蛾）、膜翅目昆虫（如蜜蜂、胡蜂）和双翅目昆虫（包括蝇和蚊）。此外，其他昆虫的种类数量也远远超过了哺乳动物、鸟类、爬行动物、两栖动物和鱼类：据统计，迄今为止有超过 63 000 种脊椎动物，而昆虫的种类数量则高达大约 90 万。但是，还有一大部分昆虫我们还不了解，因为它们生活在热带雨林或其他偏远的栖息地，至今还没被发现。就连在我们家门口，研究人员也还经常发现新的“6条腿的朋友”。据估计，地球上总共有 1 000 万种昆虫。

英国生物学家约翰·霍尔丹对生物进化的法则展开研究。

无脊椎动物的世界

在近 150 万种已知动物物种中，约有 3／4是昆虫；另有 1／5是其他无脊椎动物，其中许多动物如蜘蛛、虾蟹等也与昆虫具有很密切的亲缘关系。而脊椎动物对生物多样性的贡献则仅为 4%。

适者生存

为什么世界上昆虫的物种数量惊人的庞大? 其中一个原因当然是它们超强的适应能力。无论是在炎热的沙漠还是冰冷的南极洲，无论是在水下、土壤中，还是在郁郁葱葱的丛林，无论是在咸咸的红树林沼泽还是在裸露的山峰中——只要你仔细观察，昆虫无处不在。只有在大海中才几乎找不到昆虫的踪影，这可能是因为它们没有鳃，不能一直在水下待着，必须定期冒出来呼吸一下空气。而且昆虫在海面上无处遁形，很容易成为鱼类和鸟类的猎物。但任何规则都有例外：某些虱子（海兽虱科），会寄生在海狮和海豹等鳍足类动物身上，因此我们也能在大海中找到昆虫的足迹。还有海黾，尽管大多数的种类居住在海滨沿岸，但也已经有一些生活在远洋海面的种类被发现。

专家云集的队伍

在饮食方面，昆虫同样展示了巨大的多样性。几乎所有的有机物都能成为某种昆虫钟爱的食物——从花粉、嫩叶到木材、动物毛，再到血液、腐肉和粪便。在这些昆虫中，我们可以发现很多“专家”选择了某种特定食谱。它们开辟出自己独特的生态位，这种区分使得物种的多样性得以增加。

有趣的事实

石油中漫游的昆虫

石油蝇为自己选择了一个特别不宜居的栖息地：它们的幼虫活跃在地下喷出的原油中。它们通过一种气管呼吸，并依赖其他在油层表面活动的虫子为生。在油池中，它们吸入体内的有毒石油并不会对自身产生伤害，因为直肠中的细菌中会分解石油。

山脉

高山上的夏天很短。但在阿尔卑斯山的夏天，人们可以见到阿波罗绢蝶这种纤柔华美的昆虫。

这位冰川客人生活在光溜溜的冰上。

冰川

即使在冰川的永久冰层中或者是在南极，人们也能找到昆虫的足迹，特别是蚊子和弹尾目昆虫。

热带雨林

长颈卷象是生活在热带雨林的奇特物种之一。

没有任何其他栖息地像热带雨林一样拥有如此多的昆虫物种，而这其中的大部分物种还没有被研究者发现。

森林

中欧的森林里也盛产昆虫，这种蚁丘在森林里随处可见。

这些令人着迷的锹甲喜欢生活在古老的橡树林里。

淡水

生活在水下的昆虫相对较少，而这只龙虱就是一位游泳高手。

沙漠

即使是在世界上最炎热的沙漠，也有各种各样的昆虫惬意地生活在这里，例如长得像蟋蟀的拟步甲。

六条腿上的奇迹

无论是蚂蚁还是蚱蜢，所有昆虫的身体构造都是一样的。我们可以简单地用公式“六三二”来表示：“六”代表每只昆虫都拥有的 6 条腿；“三”指的是昆虫躯体分为 3 段，即头部、胸部和腹部。腹部内是消化器官，胸部把翅膀和腿固定起来，头部则包括大脑和眼睛；最后的“二”代表两个触角，位于头部的前方，是重要的触觉器官。

“紧身胸衣”做支架

和所有脊椎动物一样，我们人类拥有支撑身体的骨骼。然而，昆虫没有内部骨架，而是通过一层外部盔甲起到相同的作用。这个坚硬的外壳包裹着昆虫的整个身体，它的主要成分是几丁质。像木材中的纤维素一样，几丁质也形成一条条细丝，互相连接构成一张坚固防断而又柔韧有度的网。而位于这些几丁质细丝之间的蛋白质更是让昆虫的盔甲变得异常坚硬。

这个外壳的作用不仅仅是支架，它还可以保护昆虫柔软的身体并防止水分蒸发。当然，为了保证动物行动自如，这副盔甲不能只有一个铸件，而是像骑士的甲胄一样，由各种零部件构成。它们就像屋瓦般彼此重叠，通过角质膜联结在一起。这就是为什么当胡蜂想要使用螯针时，它可以弯曲腹部。

蝇类用吮吸和舔舐的方式进食，它的口器就像海绵一样。

蝴蝶能卷起它们的口器。

口 器

昆虫生活习性各不相同，它们的口器也呈现出多样性。一些是可卷曲的虹吸式口器，一些是坚硬结实的刺吸式口器，也有一些咀嚼能力强大的咀嚼式口器，还有一些是折叠自如的舐吸式口器。这些口器一般都是由唇和颚组成，并在进化的过程中形成最独特的形状。

甲虫的这些小锯齿是很危险的。

这种长颊熊蜂的腿上有浓密的短毛。

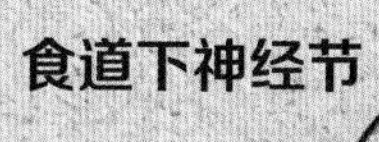

胸 足

昆虫的胸足虽然藏在外壳里面，但非常灵活，因为像铰链一样的关节将足上的各个节相互连接起来。

金绿色的奇迹：吉丁虫的腿关节。

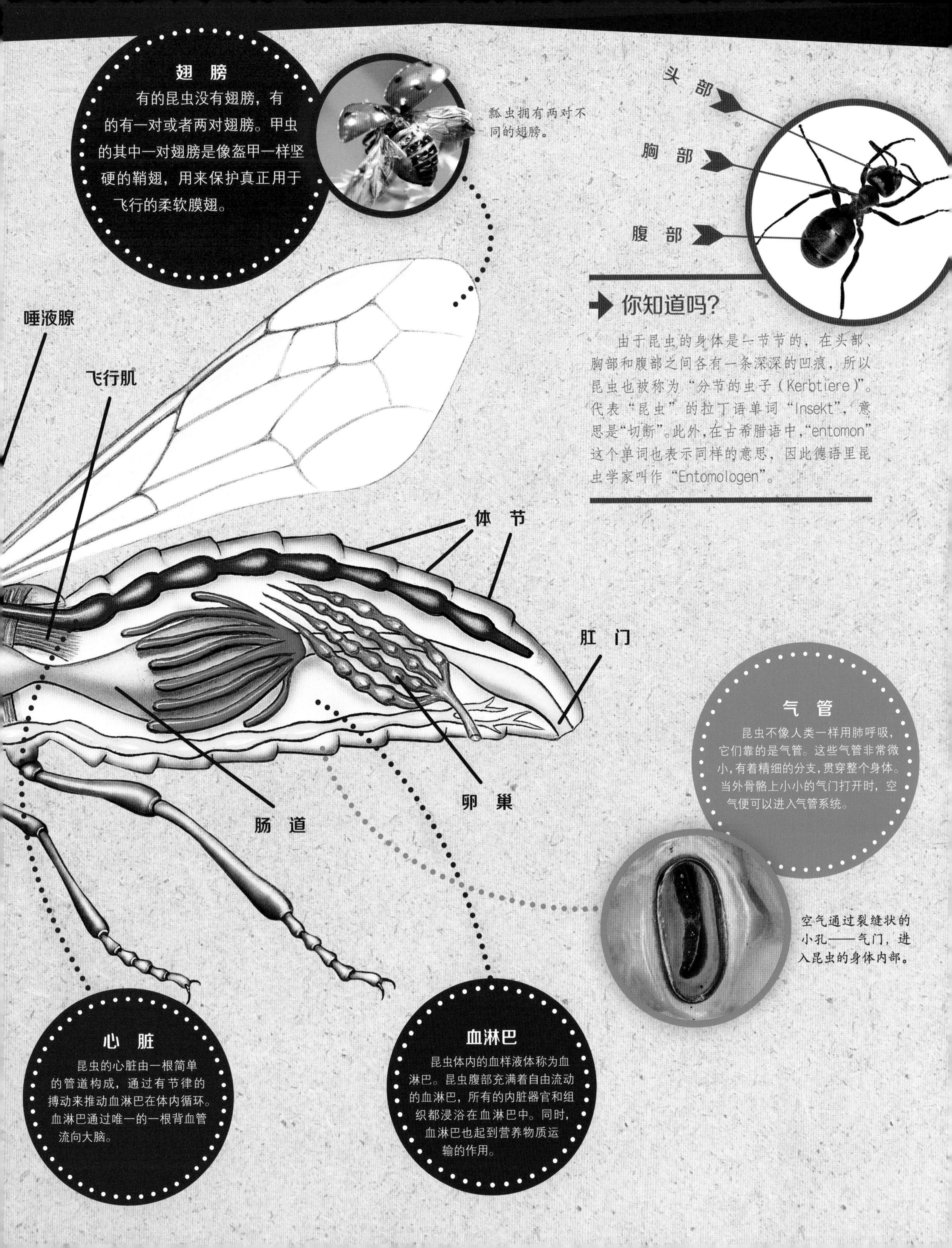
翅 膀
有的昆虫没有翅膀，有的有一对或者两对翅膀。甲虫的其中一对翅膀是像盔甲一样坚硬的鞘翅，用来保护真正用于飞行的柔软膜翅。
瓢虫拥有两对不同的翅膀。
头 部
胸 部
腹 部
你知道吗?
由于昆虫的身体是一节节的，在头部、胸部和腹部之间各有一条深深的凹痕，所以昆虫也被称为“分节的虫子（Kerbtiere）”。代表“昆虫”的拉丁语单词“Insekt”，意思是“切断”。此外，在古希腊语中，“entomon”这个单词也表示同样的意思，因此德语里昆虫学家叫作“Entomologen”。
唾液腺
飞行肌
体 节
肛 门
卵 巢
肠 道
气 管
昆虫不像人类一样用肺呼吸，它们靠的是气管。这些气管非常微小，有着精细的分支，贯穿整个身体。当外骨骼上小小的气门打开时，空气便可以进入气管系统。
空气通过裂缝状的小孔——气门，进入昆虫的身体内部。
心 脏
昆虫的心脏由一根简单的管道构成，通过有节律的搏动来推动血淋巴在体内循环。血淋巴通过唯一的一根背血管流向大脑。
血淋巴
昆虫体内的血样液体称为血淋巴。昆虫腹部充满着自由流动的血淋巴，所有的内脏器官和组织都浸浴在血淋巴中。同时，血淋巴也起到营养物质运输的作用。

昆虫的感官

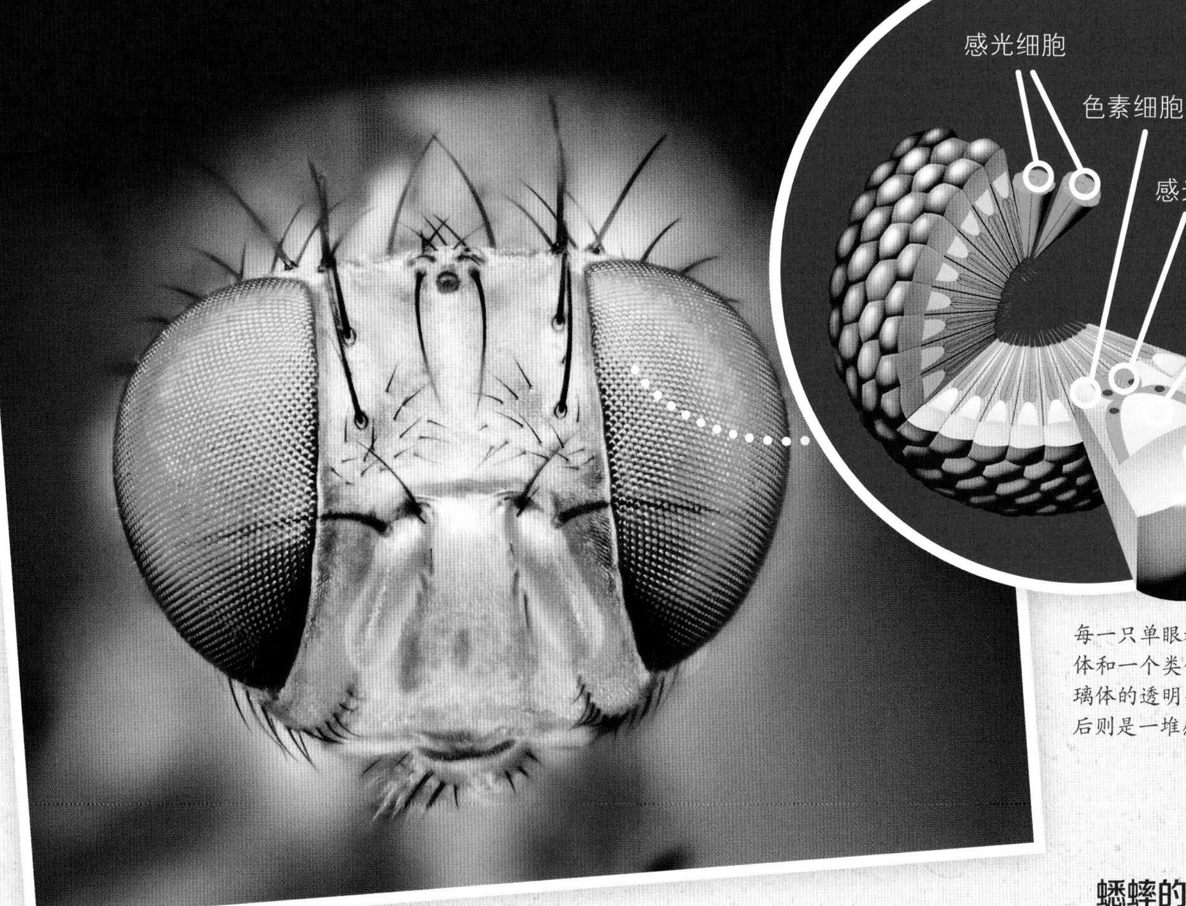

看看我的眼睛！

蝇类的每一只复眼都是由数千只单眼组成的，这些单眼也叫作小眼。

每一只单眼都含有一个晶状体和一个类似于人类眼睛玻璃体的透明晶锥，而它们背后则是一堆感光细胞。

有的昆虫有几千只眼睛，但是没有鼻子和耳朵。尽管如此，它们的嗅觉和听觉照样出众！昆虫感觉器官的构造与人类完全不一样。这些六足昆虫拥有一双复眼，里面是众多的单眼。有些蚂蚁的单侧复眼里只含有不到 10 只单眼，但蜻蜓的复眼却有多达 30 000 只单眼！

昆虫虽然眼睛数量众多，却不一定能看见清晰的画面，它们必须适应自己不太清晰的视野。不过，它们的复眼就像一台高速摄影机，可以把最快的动作拆解开。一部由连续的画面合成的电影，在昆虫的眼里，仿佛就是一本连环画。

有些昆虫，例如蜜蜂，它们对环境的色彩感知与人类完全不同：它们看不见红色，却能看见紫外线。因此，在蜜蜂眼里，红色花朵表面常常会呈现人类肉眼看不到的紫外线图案。与此相反，红色的消防车在蜜蜂眼里是暗灰色的。

蟋蟀的“耳朵”

难以置信：家蟋蟀竟然是靠腿来“听见”声音的。这种“耳朵”也被称为鼓膜器。

在家蟋蟀膝关节稍下方的部位，我们可以清楚地看到明亮的鼓膜。

长在膝盖旁的耳朵

虽然昆虫头部没有耳朵，但很多昆虫有鼓膜。当声波使紧绷的皮肤振动时，它们就会感知到声音。螽斯科昆虫的鼓膜位于前足膝盖以下，其他昆虫的鼓膜有的长在胸部，有的长在腹部。一些昆虫还会通过触角或身体上的茸毛来感知声波的振动。听觉在寻找伴侣方面起着重要作用：蟋蟀的唧唧声或蚊子的嗡嗡声能帮助它们找到相同物种的伴侣。

用茸毛“闻”气味

嗅觉也能帮助渴望爱的昆虫寻找伴侣。很多昆虫会被性信息素诱导，一些特定的小茸毛能捕捉气味并将信息传递给大脑。这种小茸毛在触角上尤为密集，但也会长在其他身体部位，例如在胸足上。这使得苍蝇能够立即知道它们是否落在可食用的物体上。此外，一些敏感的刚毛能对触碰做出反应，因此在触觉中也起到重要作用，蜜蜂甚至利用自己头部的刚毛来测试自己的飞行速度：飞得越快，刚毛的弯曲程度就越高。

化学信息物质

以集群方式生活的社会性昆虫通过气味来实现互相沟通。有的气味表示有同巢的伙伴发现了食物源；有的气味则充当敌人入侵时的警报。尤其是蚂蚁，它们有着完善的化学语言，平均会散发出 10 ~ 20 种不同的气味。有些昆虫物种甚至可以把这些化学“单词”组合成一个个正确的句子。

头 饰

许多夜蛾都拥有大大的触角，向两边叉开，看起来像鹿角。借助这对触角，它们能很好地辨识出空气中被高度稀释的气味。

有趣的事实

发出敲击信号的甲虫

如果被困隧道、木板或是横梁里，怎样才能找到雌性配偶呢？这只有斑痕的拟步甲为了吸引配偶，会用自己的头敲击木头，制造声响。人类的耳朵也能清楚地听到这种敲击声。由于声音听起来有点儿可怕，人们也把这位木头居民称作“报死虫”。

闲 聊

两只蚂蚁之间会聊些什么呢？它们不是通过话语交流的，而是通过气味。

曾经是条“弹尾虫”

昆虫是一个古老的动物群体，早在恐龙时代之前，就已经有第一批昆虫在地球上四处爬行。大约 4.8 亿年前，昆虫由生活在大海里的蠕虫演变而来。这种亲缘关系，我们现在从毛毛虫和蛆的身上依然能觉察到。但是我们不知道最早的昆虫究竟长什么样子，迄今为止发现的最古老的昆虫化石，也比推测中最早的昆虫晚数百万年。

据推测，甲虫和蜜蜂的始祖与今天的弹尾虫类似，每一小片森林的土壤里就生活着成百上千这种几毫米的小型无翅生物，它们以动植物残渣为食。在遇到危险时，它们能利用弹簧一样的可折叠弹器跳到最远 25 厘米远的地方。

可以肯定的是，最早的昆虫是不会真正飞行的。即使在今天，也还存在所谓的原始昆虫，它们没有翅膀——比如衣鱼。有时候它们会在夜里聚集在浴室。这种无害生物还具有其他的非典型昆虫特性：能活好几年，性成熟后还能继续生长，繁殖后代直到死亡。

上岸先锋

节肢动物包含蜘蛛、甲虫、千足虫等。之所以叫节肢动物，是因为它们的身体是分节的。这个分节特征遗传自始祖蠕虫，但不同于蠕虫的是，它们拥有腿和坚硬的保护性外骨骼，这为到岸上生活做了充分准备。

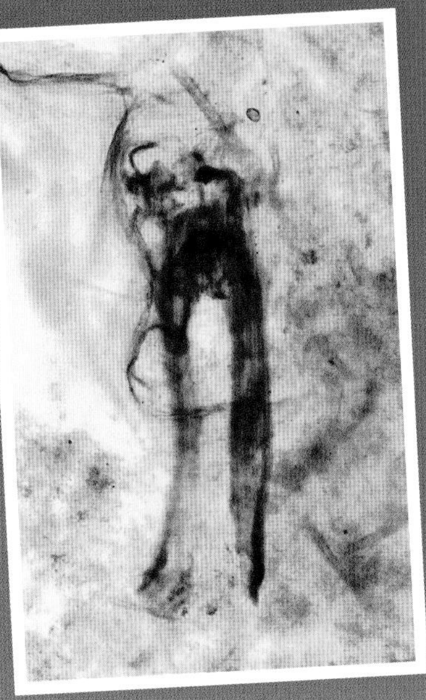

祖 先

这是迄今为止已知的最古老的昆虫，它大约在 4 亿年前被包裹在琥珀里。那时候它可能已经会飞了。

纪录

750 条腿

有一种千足虫拥有 750 条腿——虽然不到 1 000 条，但已经是动物王国里绝对的领头羊了。

跳远健将

这个彩色的球形跳虫身长仅有 1.5 毫米，它生活在潮湿森林的枯枝落叶里。

我们认识吗？
你家附近的森林里
一定有我的踪影！

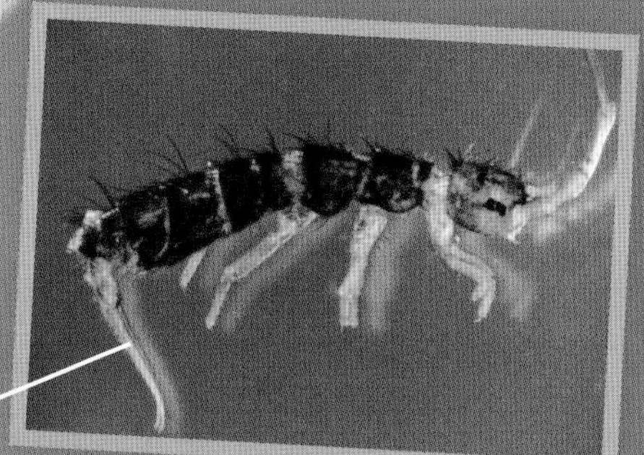

弹 器

一般情况下，弹尾虫的弹器处于折叠状态，当弹器向外反转弹开时，弹尾虫便飞到空中。

有趣的事实

被骗了！

勤劳又尽职的昆虫是花粉的出租车。为什么花朵需要给昆虫司机付钱呢？因为昆虫酿造甜甜的花蜜也是需要消耗能量的！但是一些植物不想付钱，它们试图用计谋欺骗勤劳的传粉使者。一些兰花，比如这朵眉兰，就开出了长得像苍蝇或者蜜蜂的花朵，非常具有迷惑性。渴望爱情的雄性昆虫被这些花朵吸引，虽然它们成功地带走了花粉，却在寻找配偶的过程中扑了一场空。

因此，属于节肢动物的昆虫也是第一批到大陆定居的生物。那时候的大陆还很年轻，环境对生物来说也很不舒适。尽管其他节肢动物的数量并不多，但昆虫种类的多样性却迎来了真正的爆发。昆虫高歌猛进的过程中，还伴随着植物对大地的征服。

一支不可战胜的团队

在自然史上，植物和昆虫也许是最成功的团队。首批陆地昆虫啃咬绿色植物时并未经过深思熟虑。然而，当第一批开花植物出现时，昆虫回赠了一项异常宝贵的服务：它们将花粉及其中的雄性生殖细胞从一朵花带到另一朵花，从而使花的雌性生殖器官受精。植物在花朵里准备了像糖一样甜的花蜜，用来奖励它们的爱情使者。因此，这些昆虫又给自己开发了一种营养丰富的新食物来源，而且分布范围几乎没有任何限制。

老祖先

衣鱼属于最原始的小型昆虫，没有翅膀，但腹部有3对足。

潮流引领者

作为传粉使者，像蜜蜂这样的现代昆虫已经成功地与植物建立了伙伴关系。

节肢动物

节肢动物这一群体占目前已知动物种类的80%。它们有一个共同点：有很多条腿！

多足类动物

大多数情况下，它们是无害的食草动物，只有有毒的蜈蚣会去捕捉猎物。

蜘　蛛

这种8条腿的动物与昆虫关系密切。它们同时也是昆虫最大的敌人。

甲壳纲动物

从端足目动物到螯龙虾，它们的样子各不相同。

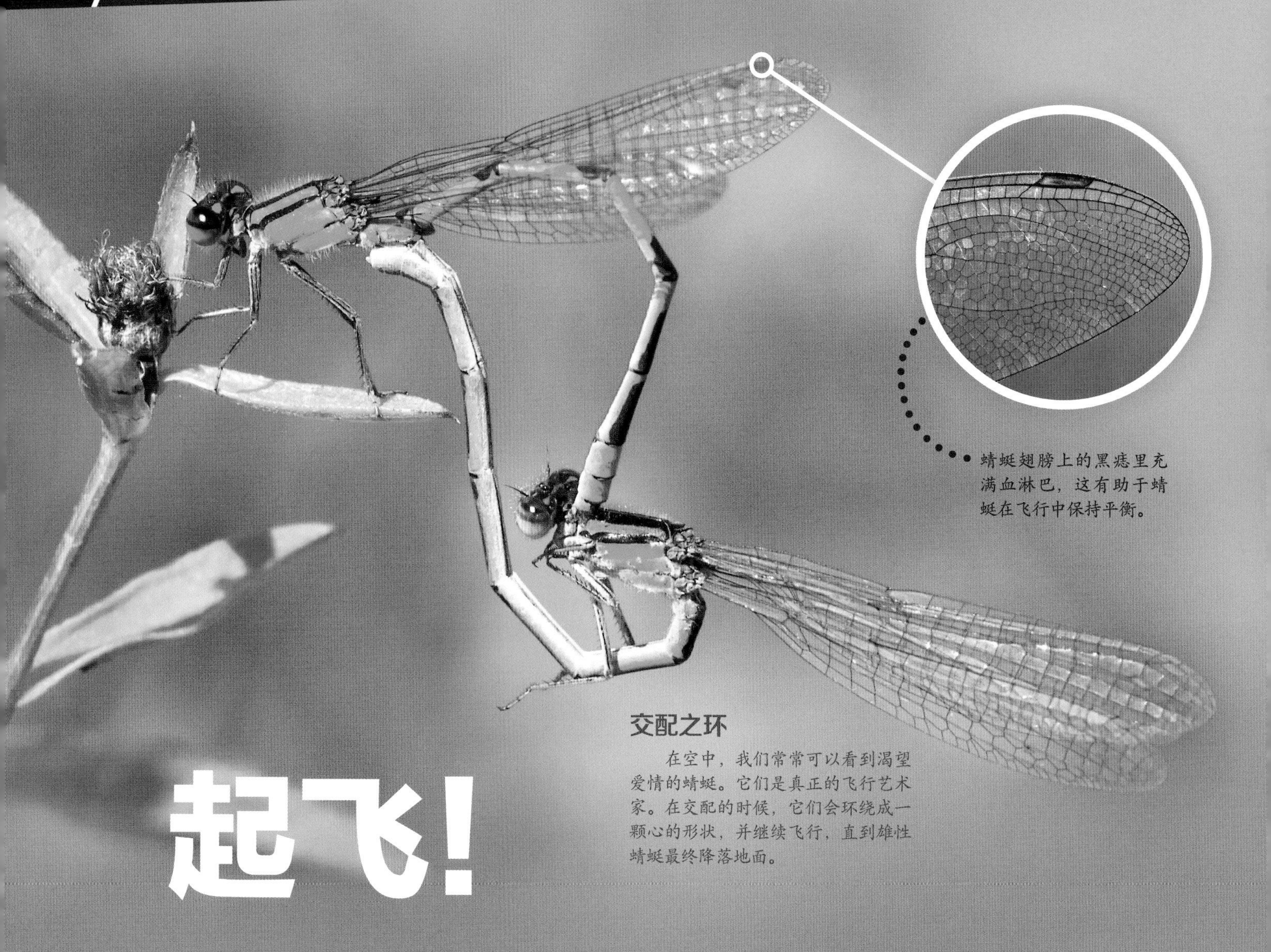

蜻蜓翅膀上的黑痣里充满血淋巴，这有助于蜻蜓在飞行中保持平衡。

交配之环

在空中，我们常常可以看到渴望爱情的蜻蜓。它们是真正的飞行艺术家。在交配的时候，它们会环绕成一颗心的形状，并继续飞行，直到雄性蜻蜓最终降落地面。

起飞！

第一批昆虫是用腿行走的，但因为植物长得越来越高，爬上植物变得越来越费劲。于是这些小动物就开始飞上天空。当然，它们不是一下子就学会飞行的，而是首先在树木间以滑翔的方式跳来跳去。石蛃属于原始的昆虫族群，直到今天，它们在遇到危险时依然会这样做。

为了避免不受控制地跌落深渊，石蛃利用长长的尾丝来控制身体的平衡。昆虫的翅膀可能就是由这些附属器官或外壳上的某些部分，在进化的过程中慢慢演变而来。在4亿年前，当那只目前已知最古老的昆虫被包裹在琥珀里之前，它可能就已经会飞行了——比翼龙和鸟类更早地征服了天空。

空中杂技演员

翅膀不仅对食草动物非常实用，对捕食性昆虫也同样如此。蜻蜓是第一批真正的空中杂技演员。它们的身体构造十分完美，以至于从古至今几乎没有变化，只不过体形比恐龙时代时小一点。

蜻蜓有两对翅膀，前后翅可以相互独立地摆动。因此它们能表演最惊人的技巧：像直升机一样立刻起飞，或者突然改变方向，甚至是在飞行中交配。

你知道吗？

翅膀不仅用于飞行，还可以取暖。许多昆虫在阳光下舒展翅膀，吸收太阳的热量来温暖自己。熊蜂和蜜蜂则让翅膀停止工作，通过振动飞行肌来产生热量。

可折叠的翅膀

蜻蜓的翅膀有一个缺陷——无法折叠。因此，带有这种翅膀的动物，在不折损这个精致结构的前提下，是无法爬进狭窄的缝隙或隐匿处的。也许正是这个原因，可折叠的翅膀在昆虫界更常见。蝴蝶、蜜蜂和胡蜂虽然也有两对翅膀，但与蜻蜓不同的是，它们的两对翅膀是同时运动的。通常情况下，前后翅是通过小小的翅钩列连锁在一起的，可以同时摆动，看起来像是只有一对翅膀。

蝇类、牛虻和蚊子等都属于双翅目昆虫，只有一对翅膀。蝇类可能是整个动物界最厉害的飞行艺术家，可以轻松完成高难度的飞行动作。比方说，如果它们想落在天花板上，它们可以向后倒着飞，甚至可以背部朝下飞行！

振翅飞行

这些杜鹃叶蝉尽管大多靠跳跃来移动，但它们也可以飞得很好。在飞行中，这对彩色外翅会与内翅连锁起来。

几丁质的奇迹作品

昆虫的翅膀同外骨骼一样，主要由几丁质构成。与飞机机翼不同，昆虫的翅膀富有弹性，上下摆动时会发生柔性变形。同时，翅膀表面纵横交错的翅脉保证了翅膀的强度。昆虫翅膀表皮的厚度本身只有千分之一毫米，昆虫的飞行是借助胸部强壮的飞行肌来间接完成的。

为避免跌落深渊，石蛃会用长长的尾丝来控制身体的平衡。

➜ 纪录

74 厘米

史上最大的蜻蜓，翅展宽度达到74厘米。它生活在将近3亿年前，那时空气中的含氧量更高，昆虫呼吸得更好，长得也更大。

这只石化的巨脉蜻蜓虽然比那位最大翅展纪录保持者的体形略小，但是保存得更好。

双翅目昆虫，以这只大蚊为例，后翅已经退化成一对平衡棒了。

奇特的变形

萤火虫发出光信号，舞虻送上礼物，蚂蚁则飞到空中进行婚飞。虽然各种昆虫的求偶方式大不相同，但最终的目的一样：雄性昆虫和雌性昆虫通过交配，将遗传物质传给下一代。在昆虫世界，双方各自与好几个伴侣交配是很普遍的。在自然生存斗争中，所有物种必须利用好每一次机会以繁殖健康的后代。

很炫酷吧！作为一只胖嘟嘟的天蚕蛾毛毛虫，我当然要想一些办法来吓跑饥肠辘辘的鸟儿。

藏起来的卵

一旦雌性昆虫受精，它们会寻找一个合适的地方产卵。蜉蝣会直接将卵产在水中，其他昆虫则会搭建好精美的巢穴，并在巢中准备好食粮。我们经常可以在叶子的背面发现蝴蝶或甲虫的卵，这片树叶不仅是昆虫的庇护所，还是预备的食物：幼虫一从卵中钻出来，就可以马上进食。

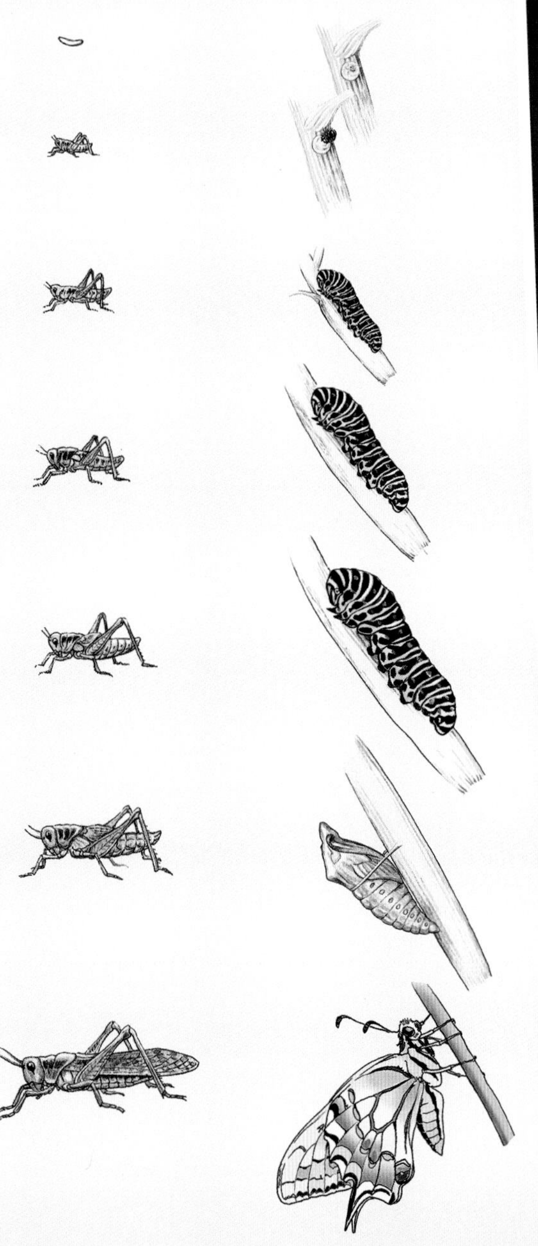

变　形

完全变态昆虫会经历一个完全变形的发育过程。（右列）

不完全变态昆虫则只是虫体变大，并经历多次蜕皮。（左列）

十七年蝉交配并产卵后，便迎来生命的终结。

你知道吗？

对于很多昆虫而言，幼虫阶段似乎才是真正的生命，至少这个阶段持续得更久。在昆虫界中，十七年蝉拥有最长的童年：正如名字所透露的一样，它们会在地下蛰伏 17 年之久，然后幼体一下子破土而出并在繁殖后代后死去。

垂挂之物

这只孔雀蛱蝶蛹仅靠丝线将一端固定在树枝上，晃来晃去。

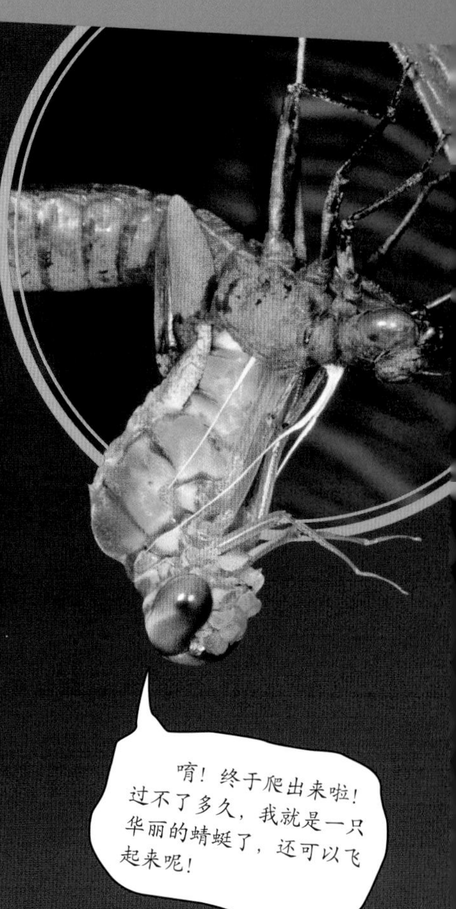

就在最后一次蜕皮之前，伟蜓的幼虫从水里爬出来，附着在一片叶子上，然后经过羽化变为成虫。

每个昆虫的生命都从一粒虫卵开始，然后这些六足动物会走上两条完全不同的发展道路。其中有一类昆虫，幼虫出生时的外形已与成虫几乎一致，只是体形小于成虫，而且没有翅膀。伴随它们长大的，是一次又一次的蜕皮，这是因为它们的几丁质外骨骼不能一起变大。最后一次蜕皮后，翅膀也完成了最后的发育。这一群体被称为不完全变态昆虫，比如蜻蜓、蟑螂或蝗虫这样的原始类群。

小型吞噬机器

另一个群体，比如甲虫、苍蝇和蝴蝶等，会以蠕虫状幼体或蛆虫的形式破壳而出，长得根本不像自己的父母。看着眼前的毛毛虫，我们根本无法想到，它有一天会变成蝴蝶。这些幼虫简直就是吞噬机器，它们存在的唯一目的是为即将到来的变身储备能量。在最终成蛹前的这段时间，幼虫会经历几次蜕皮。一些毛毛虫吐出丝线结成茧，很多蝇类则利用末龄幼虫蜕的皮形成围蛹壳，而蚊蛹能在水中自由地游动。

虽然从外面看不到任何动静，蛹的内部却进行着奇妙的蜕变：一条小虫慢慢变成一只长有腿、触角和翅膀的成虫；结束变形后它便会从蛹壳中挣脱出来。从自然历史的角度来看，这条进化道路还比较新，这个过程被称为完全变态发育。我们把需要经历此发育过程的昆虫叫作完全变态昆虫。

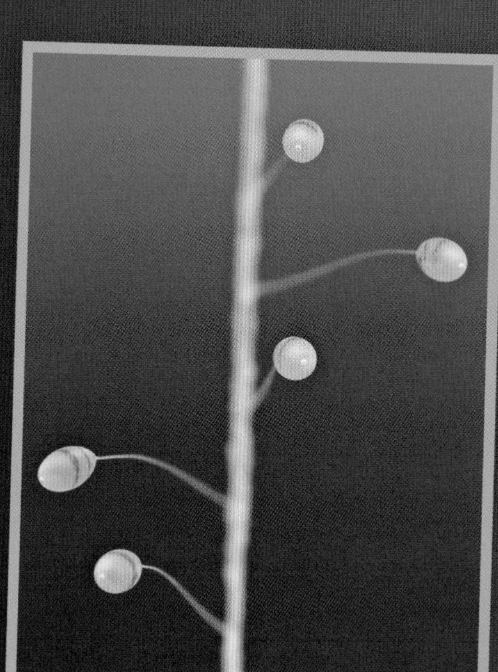

草蛉用一条长长的丝柄把每一颗卵单独固定在植物上，以保护它们免受蚂蚁的侵害。草蛉的幼虫破壳而出后，最爱捕食蚜虫，而蚜虫又受蚂蚁的保护。

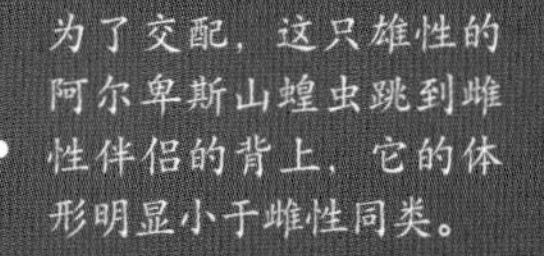

为了交配，这只雄性的阿尔卑斯山蝗虫跳到雌性伴侣的背上，它的体形明显小于雌性同类。

强力武器

切叶蚁的上颚外形像钳子，锋利如刀，不仅能将树叶切碎，还能把敌人五马分尸。

爪子、毒液和螯针

昆虫的生活充满着危险，因为很多动物，如鸟类、青蛙和蜥蜴，都喜欢吃昆虫，而蜘蛛几乎只以自己的六足亲戚为食。即使在晚上，飞蛾和甲虫也感觉不到一丝的安全，因为这时还有饥饿的蝙蝠使用超声波来追踪它们。而那些友善昆虫的头号敌人当然是其他昆虫：蚂蚁、胡蜂、蜻蜓、甲虫、猎蝽、螳螂等，它们会不知疲倦地追捕自己的同类。

因此，在昆虫王国里，开发出各种各样的危险武器也就不足为奇了。谁还没遇到过蜜蜂或胡蜂的螯针呢？在进化过程中，螯针是由产卵器特化而来的，它本是原始雌性蜂类产卵的器官。因此，只有雌性的蜜蜂或胡蜂才会有螯针。被蜂蜇是相当刺痛的，因为它们给对手注射了一剂毒液。蜜蜂的毒液是一种混合物，包含了

你知道吗?

“栎列队蛾”这个名字的由来是，它们的幼虫以排成长队的方式集体在树上爬行。它们会将自己包裹在丝状的纱茧里，以此保护自己。但这还远远不够：除此以外，它们还要用身体上毒辣的蜇毛来对付敌人。这些毒毛一旦碰到人类，也会引起严重的皮疹、咳嗽和呼吸困难。

几种攻击体内细胞并麻痹神经的物质。这会产生巨大的疼痛感，作为对这些哺乳动物掠夺蜂蜜的惩罚。有些蚂蚁也会蜇人，还有些蚂蚁则直接将毒液注入敌人体内。比如臭名昭著的“24小时蚁”（子弹蚁），被它蜇后要忍受一天一夜地狱般的痛苦。相比之下，德国本土的一些林地蚂蚁和毛蚁体内只含有简单的甲酸。荨麻正是因为含有这种甲酸才具有腐蚀性的。

用钳子代替牙齿

很多毛毛虫也具有毒性，并且它们会用显眼的花纹来广而告之。通常情况下，它们的毒性不是源自自身，而是从食用的植物中吸收并富集到体内的。有些甲虫在遇到危险时，会分泌出几滴有毒液体。至于瓢虫如何应对危险，我们很容易就能观察并闻到，因为它们会分泌出一种极其难闻的液体。蚂蚁和掠食性甲虫还长着坚固的上颚，用来捕获并撕碎猎物。据说，来自南美的泰坦天牛甚至能咬断一根铅笔！此外，有些蚂蚁能咬合得非常紧，以至于南美和非洲的传统医者利用这种蚂蚁来缝合伤口。

不可思议！

屁步甲具有一种独特的防御能力。当受到威胁时，它们会从腹部喷出一种沸腾的爆炸性液体，并直接击中敌人的正脸。这种武器是在它们腹部的一个空腔里由两种液体混合而成的。这两种液体原本在屁步甲的体内分开保存，混合后马上就能在体内发生化学反应并爆燃。

决 斗

为了赢得雌性锹甲的青睐，雄性锹甲之间会进行决斗，获胜者会将对手举在背上或从树枝上扔下去。

预警信号

鳞翅目昆虫幼虫用它鲜艳的色泽发出警告：小心！我有毒！

在婆罗洲岛的原始森林里，树干上长满了苔藓，肉眼几乎无法分辨出这只热带螳螂的身影。

来找我呀！

如果不能像有些昆虫一样蜇刺敌人或者配制毒液，那至少也要尽可能少地让自己引起注意。因此，在欺骗和伪装艺术领域，昆虫也是大师。当受到威胁时，很多甲虫会立刻以闪电般的速度掉落，因为在地面上，它们很难被辨识出来。其他昆虫则在颜色和形状上完美地迎合了所在的环境，例如，毛毛虫通常为草绿色，与植被融为一体。

说到伪装术，掌握得最高超的无疑是竹节虫目昆虫了。这类植食动物分布在热带和亚热带地区。其中竹节虫的形态与干树枝几乎无法辨别；而它的近亲，叶虫则善于将自己伪装成树叶。此外，有些毛毛虫和小蝴蝶看起来甚至像是鸟粪。

暗含信号的黑黄条纹马甲

昆虫另一个流行的把戏是冒充危险物种。一支由各种食蚜蝇组成的队伍看上去就像是善战的胡蜂。出于对胡蜂毒刺的畏惧，小鸟会避开这些实际上毫无危险的蝇。此外，有一类叫透翅蛾的昆虫也会将自己打扮成胡蜂，而有些甲虫则会模仿蚂蚁。这种伪装被称为拟态。

为什么众多带有毒刺的昆虫都有着相近的颜色？胡蜂、大多数的熊蜂以及蜜蜂统统使用黑黄色作为警告信号。这也是拟态的一种形式：只要有过一次糟糕的经历，对手便会从此对所有黑黄色的昆虫避之不及。如果有毒刺的胡蜂变成了粉红色，那么，捕食者也会先尝试捕捉这种颜色的胡蜂。统一的警告服就这样在自然界中保留了下来。

不可思议！

你见过挂满泡沫的灌木丛吗？这可不是因为有人疯狂地往树上吐唾沫，而是那里藏有沫蝉。这种昆虫体形很小，不容易被发现，喜欢吸食植物汁液。它们的幼虫会给自己筑起保护性的泡沫巢，这些泡沫是内含蛋白质的分泌物与空气混合后而形成的——就好比浓缩咖啡机利用蒸汽打出牛奶泡沫。

不同的隐身术

拟态主要是指昆虫为了保护自己而伪装成某个危险物种。而模仿主要是指昆虫为了欺瞒敌人而冒充一些无害的东西：可能是一只动物，可能是一棵植物，也可能是一个没有生命的物体，如一块石头。

气味是顶隐身帽

在模仿中，起作用的不仅仅是外形，还有气味。有些隐翅虫和灰蝶幼虫模拟蚂蚁的气味，然后被带到蚁群中，有时甚至会被投食。而有些伪装艺术家则通过吞食蚂蚁幼虫和卵来“感谢”主人。

桦尺蠖也懂得紧跟时尚：如果树干流行白色，它们也随着穿上白色的衣装。

桦尺蠖

有些动物能够快速地适应环境的变化，其中一个典型的例子就是桦尺蠖。这原本是一种身有黑白相间斑点的飞蛾，在普通的桦树皮上隐藏得很好。只是在 19 世纪的英国，由于工厂烟囱冒出的浓烟，原来浅色桦树树干上的一些部位被染成了脏灰色。这时，因基因组的微小偏差而具有深色翅膀的桦尺蠖，由于具有生存优势，数量迅速增加。在 20 世纪下半叶，由于环境保护的作用，空气重新变得干净，此时浅色桦尺蠖的数量比例又重新上升。

颜色不能融入环境的桦尺蠖则会有生命危险。

模　仿

恶心，但有效：这只昆虫看上去像是鸟粪。你认出它了吗？对，这是一只螳螂，它隐藏得很好，在等待猎物呢。

既然有蚂蚁伪装成蜘蛛，那怎么会没有打扮成蚂蚁的蜘蛛呢？

食蚜蝇很爱伪装，例如这只食腐性食蚜蝇，它们经常伪装成胡蜂。

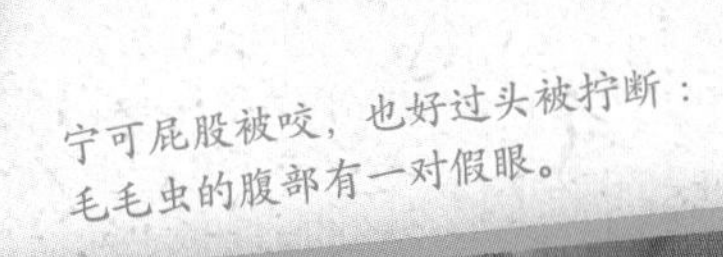

宁可屁股被咬，也好过头被拧断：毛毛虫的腹部有一对假眼。

寄生现象

真倒霉：这只闪闪发亮的丝光绿蝇即将迎来生命的终结，它将成为这只黄色条纹的泥蜂送给后代的点心。

世界上每一种动物都有自己讨厌的对象。有时候，这些刺人和吸血的小家伙不仅让人厌恶，更糟糕的是，它们甚至能杀死自己的宿主。这在昆虫界十分常见，因为六足动物的世界也是一个寄生物的王国。一般来说，这些寄生物会选择某个特定的宿主，这就是为什么无害昆虫常常会被一种或多种寄生物寄生其中。此外，有很多寄生物甚至会攻击其他的寄生物。因此，寄生现象是昆虫物种多样性的另一个原因。顺便一提，这个星球上的绝大多数生物都是过寄生生活的！

吸血鬼

很早以前，头虱就已经让原始人类非常头疼。直至今天，即使我们经常洗头发，它们依然能在我们头上过着舒服的日子。

昆虫界也有“布谷鸟”

粗略地讲，这些小小的搭便车者可以分成两类。其中一类从宿主身上偷走营养物质，大多情况下通过吸取血液或淋巴来实现。在这

不可思议！

目前已知的世界上最小的昆虫体长仅 0.14 毫米，它是缨小蜂科的雄性物种。缨小蜂科的昆虫的体形都必须非常小，因为它们要寄生在其他昆虫的卵中。

些寄生昆虫当中，一种可以在宿主身上度过一生，例如寄生在人类头发中并吸食人体血液的头虱；而像蚊子和臭虫等其他寄生昆虫，只在需要补充血液时才会投奔自己的宿主。另一类寄生昆虫则不是出于饥饿，它们不愿耗费精力，只想依赖其他昆虫来代替自己完成抚育后代的任务。这种“布谷鸟”做法在这种寄生昆虫中非常流行：它们把卵偷偷地放在宿主的巢中，让那位被蒙骗的妈妈负责完成后续的所有事情。寄生昆虫的幼虫一般比宿主的孩子破壳得更快，出生后便吃掉宿主为幼虫贮备的食物。通常情况下，它们还会吃掉宿主的幼虫。

对活体宿主大开杀戒

寄生昆虫的第二招更加恐怖：将卵直接产在另一种生物的体内或体表，以便幼虫孵化后能在活体宿主中尽情摄取养分。姬蜂、蛛蜂和小蜂都是寄生性繁殖的大师。几乎所有的昆虫，无论是甲虫、毛毛虫还是蟑螂，都有可能沦为寄生蜂幼虫的口粮。在蝇类中，有很多物种也以这种方式繁殖后代。如果一种寄生物会杀死宿主，我们便把这一类寄生物称为拟寄生物。还有些寄生昆虫生活在哺乳动物体内。例如，肤蝇喜欢攻击有蹄类动物，它们的蛆会引起炎症，给宿主造成疼痛感，严重时甚至会致命。

卑鄙的珠宝

这只青蜂也许是中欧最美的蜂——但却是只真正的掠食者：它偷偷地将卵产在野蜂或别的蜂的巢穴中，卵一旦孵化，便会掠食宿主的幼虫。

空中袭击

这只驼背蝇（蚤蝇）试图将一颗卵产在这只走神的蚂蚁的背上。这样一来，幼虫一旦孵化便可就地吃掉蚂蚁。

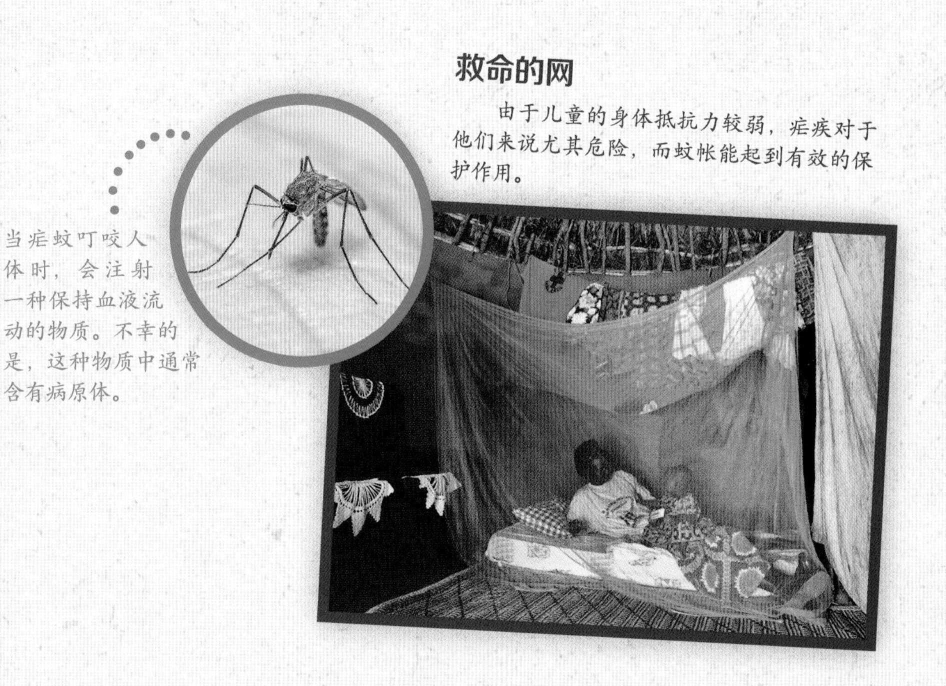

救命的网

由于儿童的身体抵抗力较弱，疟疾对于他们来说尤其危险，而蚊帐能起到有效的保护作用。

当疟蚊叮咬人体时，会注射一种保持血液流动的物质。不幸的是，这种物质中通常含有病原体。

头号杀手

世界上最危险的动物是什么？蛇、鲨鱼，还是鳄鱼？压根不沾边。最凶猛的杀手——疟蚊——个头极小，甚至没有牙齿，致死率却高过任何其他动物，因为它在吸血时会传播疟疾的病原体。这种热带疾病会引起严重的发热，每年都有数十万人死于这种疾病。虽然疟疾有药可医，但在有些最不发达国家，要么很难买到药物，要么价格非常昂贵。

勤劳姐妹的国度

团队合作

切叶蚁将树叶切下并搬回蚁巢中发酵，然后用上面长出的真菌来喂养幼蚁。

昆虫王国是自然界的一大奇观。和我们人类一样，小动物们也会团结在一起，合力去做一个人无法完成的事情。白蚁会一起建造高达几米、通风良好的“摩天大楼”；有的蚂蚁在地下经营真菌农场；蜜蜂也组织得井井有条，储备好丰富的蜂蜜，从而度过无花绽放的冬天。

成功源于分工合作

当然，昆虫王国里的群居生活与人类社会大不相同。原则上，人类社会中的每个女人都可以生育后代；但在蜂巢或蚁丘中，只有一只雌性动物负责繁殖后代，即蜂后或蚁后。这位女王会不知疲倦地产卵，并接受全体臣民的悉心照料和喂养。

蚁后和蜂后的女儿们主要是工蚁或工蜂，承担各种各样的任务，例如照顾幼虫、建造房子或是看家护院。分工合作在昆虫世界十分盛行，每一个个体都明确自己的工作任务。在成长的过程中，蜜蜂的职能会发生几次改变，只有较为年长的雌蜂才飞到巢外采集花蜜。相反，蚂蚁通常一直做相同的工作。根据任务的不同，蚂蚁的外观一般会有所不同：负责保护巢穴的兵蚁体形更大，并且有强大的钳子。只有少数雌性幼虫能得到高营养的特殊食物，长大后成为年轻的女王。雌性蚂蚁性成熟后，与其他雄性蚂蚁一起飞出巢外进行婚飞、交配，然后开始建立自己的巢穴。而年轻的蜂后会在婚飞后返回老房子中，年老的蜂后则会在此期间带领部分工蜂离开这里。

8 字形摇摆舞

在动物王国中，蜜蜂通过自己独特的方式来交谈：当蜜蜂发现拥有大量花蜜的花朵时，它们就会跳起摇摆舞通知同伴。蜜蜂会在蜂房上跳出一个图案，看起来像是一个扁平的 8 字。它会明显地摇动臀部走过中间的一条直线，这段直线与地面垂直线方向形成的夹角，代表着蜜源与蜂房、太阳方向构成的夹角；舞蹈的快慢则表示蜜源距离的远近。

白蚁有一位国王

并非所有的“蜂”都是真社会性昆虫，以群体为单位生活并分工协作。除了蜜蜂、熊蜂及胡蜂之外，大多数物种都是独行侠。与之相比，所有的蚂蚁和白蚁物种都会建立属于自己的国度。然而，蚂蚁和白蚁并不是血缘相近的亲属，蚂蚁与蜜蜂和胡蜂一样，都属于膜翅类，而白蚁则与蟑螂相近。白蚁蚁后不仅要进行多次交配，还要和蚁王一直生活在一起。昆虫的群体可大可小。熊蜂的群体数量较小，一个家庭只包含几十到一百个个体；一个德国黄胡蜂的巢穴里住有数千名居民；一个发育良好的蜂群在夏季拥有 4 ~ 6 万成员；在一些蚂蚁王国里，甚至有数百万只动物生活在一起！

蜂拥而出

新蜂后上台前，老蜂后会带一群蜜蜂飞出蜂箱。在这些侦察兵寻找新家时，蜂群会自由地选择某根树枝落脚。在整个蜂群中，只有蜂后才能繁殖后代。

不可思议！

长期以来，科学家认为只有像类人猿这样大脑高度发达的动物才使用工具。这是大错特错的！最近，研究人员发现蚂蚁也有这种能力。在实验室的一次试验中，蚂蚁会把大海绵咬成合适大小，然后使用这些海绵来吸取甜甜的液体并将其运回巢中。

白蚁中的工蚁体形小而苍白，负责采集食物、建筑蚁冢和饲育幼蚁。

白蚁穴是大自然奇观，有的蚁穴甚至高达 9 米。

创纪录的爬行家

昆虫虽然很小，但拥有惊人的能力。相比之下，我们人类有时像是瘫痪了一样……

涡轮螺旋桨

蠓虫（别称：墨蚊、糠蚊）虽然个体很小，但跟它们的大姐姐蚊子一样令人讨厌。当人们被这吵闹的嗡嗡声扰得心烦时，应该会想，对这么细小的动物来说，翅膀能如此快速扇动该是一项多么伟大的成就。据科学家测量，其中一种铗蠓是世界纪录的缔造者——每秒扇翅 1 046 次！

万人迷

许多昆虫与多个伴侣进行交配，以增加繁殖后代的机会。但是，论谁的雄性伴侣数量最多，非大蜜蜂蜂后莫属：在婚飞期间它可以与多达 53 只雄蜂交配。这样一来，精子的储备量足够蜂后终生产卵使用。

妈妈超人

显然，要想找到拥有最多后代的雌性生物，还得去昆虫王国。最多后代的纪录保持者是非洲的威氏行军蚁的蚁后，它每 25 天能产卵 300 万~ 400 万粒。毕竟，这位女王除了整天产卵之外就无事可做了。

远征队

当食物稀缺的时候，沙漠蝗虫便会成群结队地寻找新的家园。1988 年，大量蝗虫甚至横渡大西洋，最终登陆加勒比海地区，足足走了 4 500 多千米——这是昆虫有史以来最远的征途。

闪电侠

在昆虫界，已知跑得最快的是名为郝氏虎甲的澳洲虎甲。这位沙漠居民的步行速度是每秒 2.5 米，是一般成年人类行走速度的 2 倍以上。它拥有惊人的大长腿，可以使身体远离滚烫的沙子。

深海潜水员

昆虫在深海中很难生存下来，因为高压环境会把它们体内的空气从气管中挤出来。因此，我们通常会在浅水池中发现水生昆虫。相反，这种名叫 Sergentia koschowi 的摇蚊则成功地适应了深水生活，人们在西伯利亚贝加尔湖水下 1360 米深处发现了它们的幼虫。

跳高运动员

牧草长沫蝉是昆虫王国中已知的跳得最高的。它身长仅 6 毫米，但最大跳跃高度可达 70 厘米。如果人类有同等的运动能力，那么一位成年男性则可以跳到 200 米高！然而，这些沫蝉不是依靠肌肉力量跳跃的。它们的腿上拥有橡胶一般的纤维组织，就像是弹簧，能瞬间将自己发射到空中。

举重运动员

世界上已知最强壮的昆虫是公羊嗡蜣螂。它能举起自身体重 1141 倍的重物，因为它需要花大气力去滚粪球，养育后代。换算为人类的负重，相当于一个人一次举起 15 头公象！

披盔戴甲的大力士

我们可以从背上的盔甲辨认出甲虫。甲虫的盔甲由硬化的前翅组成，有它保护着柔软的后翅，甲虫几乎可以挤进任何一个角落。它们更倾向于步行，而懒得起飞，因为飞行要举起前翅。尽管如此，甲虫的身体构造还是一个很好的折中方案，使得甲虫可以适应各种各样的生存环境。所以，甲虫物种繁多也就不足为奇了。以下是一些最重要物种的介绍。

猩红色百合甲虫

叶 甲

这种甲虫是素食主义者，成虫和幼虫通常会食用同一棵植物。叶甲科的不少种类是可怕的植物害虫，如马铃薯甲虫、猩红色百合甲虫或玉米根叶甲等。此外，很多叶甲身上的颜色或图案都非常漂亮。

覆葬甲

葬 甲

顾名思义，这种甲虫以动物尸体为食，并用腐肉喂养后代。有些葬甲，甚至会埋葬死鸟或死老鼠的尸体，为幼虫提供充足的食物储备。通常是一只雌性葬甲与一只雄性葬甲合作，它们完成这份苦工后，便开始进行交配。

欧洲丽天牛

天 牛

天牛的名字源自它长长的触角，让人联想到牛角。天牛的幼虫蛀食腐烂的木头，而大多成虫通常只吃花粉或吮吸植物汁液。

龙虱

龙 虱

龙虱属于水生昆虫，在水下度过一生。但体形较大的龙虱必须时不时游出水面，以补充空气。它们把空气储存在翅膀下面。另外，它们是食肉动物，善于捕捉幼虫、小鱼、蝌蚪等。

外星人？
不，这是象鼻虫！

象鼻虫

这些不起眼的小象鼻虫也以植物为食。它头上长长的突起不是吸喙，而是它们啃咬食物的工具，很可能用于戳刺。树皮甲虫是象鼻虫科的一种，它们会破坏植被。

金色大步甲

步 甲

步甲是灵巧敏捷的狩猎者，经常在地面上捕捉其他昆虫、蜗牛和蠕虫。步甲幼虫也不例外，靠掠食其他动物为生。很多步甲都用闪烁着金属光泽的翅膀来装饰自己。有些步甲物种步行能力非常强，以至于根本不需要功能完备的翅膀。

七星瓢虫

瓢 虫

可能每个人都认识瓢虫。因为“7”自古以来就是一个神奇的数字，所以在德国，七星瓢虫被视为幸运的象征。这些小家伙和它们的幼虫一起消灭害虫，为自己赢得了良好声誉。

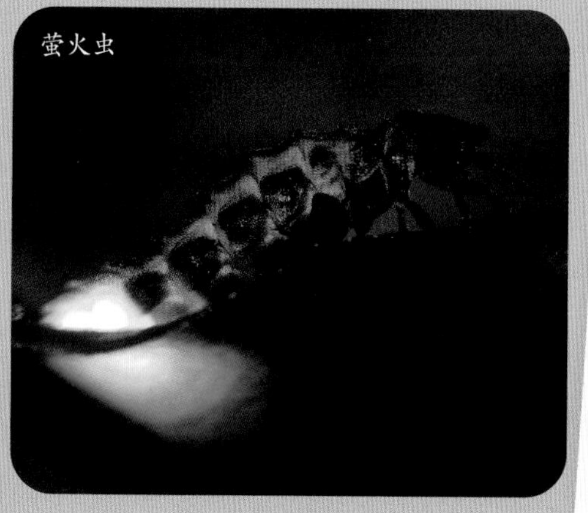

萤火虫

萤 科

我们更习惯于称之为萤火虫。萤火虫通过一种化学反应制造荧光。大多情况下，雌性萤火虫发光是为了吸引异性。然而，有些萤火虫会通过模仿其他物种闪光的典型特征，诱捕并吃掉外来的爱慕者。

工作中的圣甲虫

金龟子科

这是一个由不同物种构成的大家族，其中包括金龟子、蜣螂和花金龟这样的老熟人。金龟子科最著名的家族成员应该是蜣螂，古埃及人对它大加崇拜，并称之为“圣甲虫”。

柔弱纤巧的明星

这只热带的猫头鹰蝶伸出可卷曲的口器，在吸食腐果的汁液。

尽管很多人不太喜欢昆虫，但有一个例外：几乎每个人都认为蝴蝶很美丽。在某些方面，蝴蝶与甲虫完全相反：蝴蝶是空中的宠儿，能干的飞行者，但柔弱纤巧且易受伤害。它们不追捕猎物，只是用长长的喙来吮吸甜汁。它们虽然看上去很脆弱，却可以在自然中繁衍生息。论物种的丰富性，蝴蝶仅次于甲虫。它们的成功，很大程度是因为它们一生中的大部分时间不是作为纤弱的蝴蝶，而是作为相对健壮和极度贪婪的毛毛虫而存在。这只华丽的蝴蝶只有一个任务，那就是繁衍后代。从某种意义上说，蝴蝶与植物的花朵有着相似之处——很快就消逝了。有些成年蝴蝶甚至完全不进食。

永不休止地进食

与蝴蝶不同，毛毛虫不必为寻找配偶而到处飞来飞去，只需竭尽全力地进食、长大、蜕皮、

蓝色奇迹

这只来自中美洲的蓝闪蝶犹如一颗珍贵的宝石，闪闪发光。

白雪公主

白如雪，黑如乌木，红似血——这只袖蝶如童话般美丽。

你知道吗？

颜色较浅，形如漏斗的花，如月见草或小天蓝绣球，主要通过天蛾授粉。即使在微弱的光线下，天蛾也能认出这些花来，因为这些花会散发出浓烈的芳香。

纪录

30厘米

来自拉丁美洲的强喙夜蛾最大翅展可达30厘米，人们也称之为“白女巫蛾”。

然后继续进食。为了不引起别人注意，它们通常穿着绿色或棕色的迷彩服，而身上画有彩色图案的毛毛虫通常有毒性或味道让人恶心。

很多毛毛虫会专门挑某一种植物进食，比方说，孔雀蛱蝶和优红蛱蝶的幼虫喜欢啃咬荨麻科植物。但不幸的是，一些毛毛虫喜欢吃经济作物，给农业生产带来了相当大的破坏。然而，如果没有这些小馋鬼，也就不会有美丽的蝴蝶!

神秘的飞蛾

在鳞翅目昆虫这个庞大的家族中，我们已知的只占其中一小部分。以孔雀蛱蝶、钩粉蝶和优红蛱蝶为例，这些美丽的蝴蝶都属于昼行性动物。对于夜行性的飞蛾，大多数人几乎一无所知。只有在夏天的夜晚，看见有东西聚在明亮的灯光周围翩翩起舞时，我们才对夜行性昆虫的隐秘世界有所了解。这是件遗憾的事情，因为它们当中有众多奇异的物种。昼行的蝴蝶主要靠眼睛来辨别方向，而夜蛾在黑暗中依赖嗅觉。它们不是用美丽的图案来吸引性伴侣，而是通过散发香气(也称为信息素)。

小小的鳞片给蝴蝶的翅膀带来了缤纷耀眼的色泽。

汁液吸食者

这只小豆长喙天蛾，让人想起了蜂鸟。

迁 徙

在动物王国中，迁徙距离最远的正是纤弱的帝王蝶。它们从北美洲飞到墨西哥中部的一个小地方越冬，然后在春天飞行 3 600 千米返回北方！在这个过程中，它们经常飞上几百米高的高空。

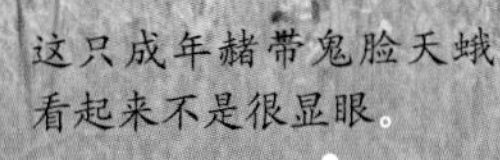

这只成年赭带鬼脸天蛾看起来不是很显眼。

谁说毛毛虫一定得是绿色的呀？我觉得我这种像赛车一样的蓝色条纹很酷！

警告色

对有些物种而言，如赭带鬼脸天蛾，成虫毫不显眼，反而是毛毛虫穿着醒目惹眼的服装。

关怀备至的母亲

膜翅目是第三大昆虫家族，物种极为丰富（除鞘翅目物种量稳居榜首外，鳞翅目、膜翅目、双翅目的物种量数据尚有争议；目前普遍认可的顺序为：鞘翅目、鳞翅目、膜翅目、双翅目）。这几类昆虫是根据成虫翅膀的特征来分类的。与其他昆虫的翅膀一样，这几类昆虫的翅膀也主要由几丁质构成。实际上，所有膜翅目昆虫都是蜂、蚁类昆虫。膜翅目昆虫主要分两类：一类是广腰亚目（常被称为叶蜂科），这种昆虫没有典型的蜂腰；另一类是细腰亚目，在胸部和腹部之间有个深凹。蚂蚁属于细腰亚目，它们长得就像无翅的胡蜂。只有雄蚁和蚁后可以飞行，但蚁后会在婚飞交配之后咬断自己的翅膀。在未来的巢穴生活中，蚁后一心繁殖后代，其他事务都劳烦他人。

广腰亚目昆虫是素食主义者。绝大多数的细腰亚目昆虫是捕食性的，但蜜蜂和熊蜂例外，它们以花蜜和花粉为食。此外，有些蚂蚁几乎只吃植物种子。

红褐林蚁的工蚁细心地照料着幼蚁和这些胶囊状的蛹。

纸糊的巢

长脚蜂咬下植物纤维，与唾液混合，咀嚼成纸浆状，用来筑起巢穴。众所周知，胡蜂生活在巨大的巢穴里，相比之下，长脚蜂则满足于附着在植物茎上的小巢穴。

不可思议！

蚂蚁的社会性群居生活绝对是成功的典范。这位小小的爬行者是地球上最常见的动物之一，数量庞大得惊人。这些小家伙的重量加起来约等于全人类的重量！

育婴房

工蜂负责哺育生长在蜂窝中的蜜蜂幼虫。

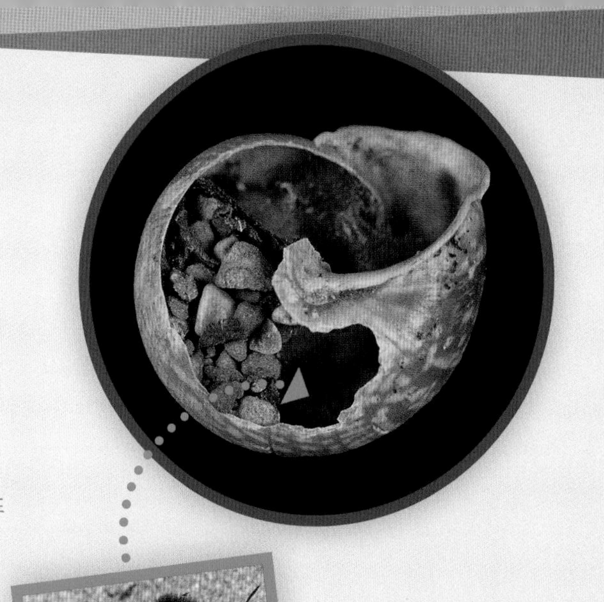

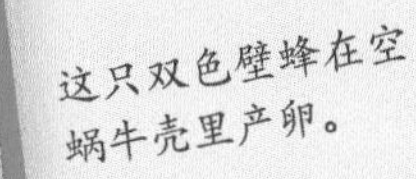
这只双色壁蜂在空蜗牛壳里产卵。

这 3 种不同等级的蜜蜂在外貌和体形上有明显的区别。交配季节结束后，雄蜂便走向死亡。

你知道吗?

叶蜂的幼虫看起来很像毛毛虫，容易让人混淆。它们被称为伪蠋式幼虫。但是，真正的毛毛虫除了有 3 对胸足外，最多只有 4 对所谓的腹足。而伪蠋式幼虫的腹部则会有 5 对甚至更多这种胖乎乎的突起。

举足轻重的野蜂

直到最近，研究人员才发现，野蜂在授粉上对经济作物的贡献甚至超过了家蜂。不幸的是，野生蜜蜂的数量正在急剧下降，罪魁祸首很可能是农民在田地喷洒的杀虫剂。熊蜂是一种野蜂，被毛浓密，即使在寒冷的天气依然能够外出觅食。和大部分野生蜜蜂类似，熊蜂以小群体的形式生活。很多野蜂把巢安在坍塌的墙壁或腐烂的木头上，甚至是在空蜗牛壳里。

膜翅目昆虫与其他大多数昆虫不同的地方在于，它们会饲育幼虫。几乎所有的细腰亚目昆虫都不会随便把卵产在某个地方，然后不辞而别。尽管这对于蝇类、蝴蝶和甲虫来说是司空见惯的事情。此外，它们还会为幼虫提供食物，或者偷偷把卵放入别的昆虫的巢中，让后代能够过上寄生生活。

从育雏舍到昆虫王国

对有些膜翅目昆虫而言，对幼虫的哺育已到达一个全新的高度：它们一起住在昆虫王国里，成百上千的雌性工人负责育雏。胡蜂、蚂蚁、熊蜂和蜜蜂辛勤地喂养、培育和保护着幼虫。毕竟，群体内所有的个体都是同一位女王的后代，因此大家是姐妹。由于膜翅目雌性昆虫继承了父亲的所有遗传物质，因此同胞姐妹之间的亲缘关系比兄妹之间更加密切。

嗡嗡作响的捣蛋鬼

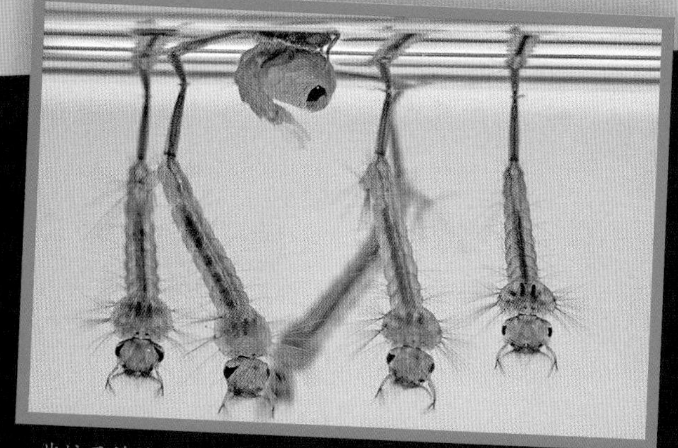
一些蚊子的幼虫倒挂在水面。

不得不说，双翅目昆虫这个昆虫群体让我们很头疼，因为它不仅包括无处不在的家蝇，还有会叮咬牲畜的牛虻和吸血的蚊子。幸运的是，已知的16万种双翅目昆虫，它们当中的绝大部分不会打扰我们人类——甚至还对人类有益。比方说，这些美丽的食蚜蝇是除蜜蜂以外的第二大花粉传播媒介。

刺吸式和舐吸式

双翅目昆虫可以大概分成两类：一种是“蚊类”，通常体形很小，躯体纤细，似乎只由腿和翅膀组成。很多物种的幼虫都在水中发育。蚊子通常长着短小坚固的口器，用来吸食植物汁液或血液。但是，许多蚊类物种的寿命很短，发育为成虫后不进食，交配繁殖后便走到生命尽头。

相比之下，另一种“蝇类”则很粗壮，躯体呈圆形，并通常长有毛。蝇类当中既有无害的花中游客和素食主义者，也有食肉动物、食腐动物和寄生动物。蝇类通常长着舐吸式口器，尾部拓宽呈枕头状。取食固体时，它们先用口器轻触食物，然后吸食被口水浸软的半流食。

你知道吗?

黑腹果蝇是被人类研究得最彻底的生物之一，几乎没有任何动物能像黑腹果蝇一样，给科学家贡献如此多的认知。果蝇由于繁殖速度快、培养条件简单，而且遗传物质易于鉴别，成为遗传学家首选的实验材料。

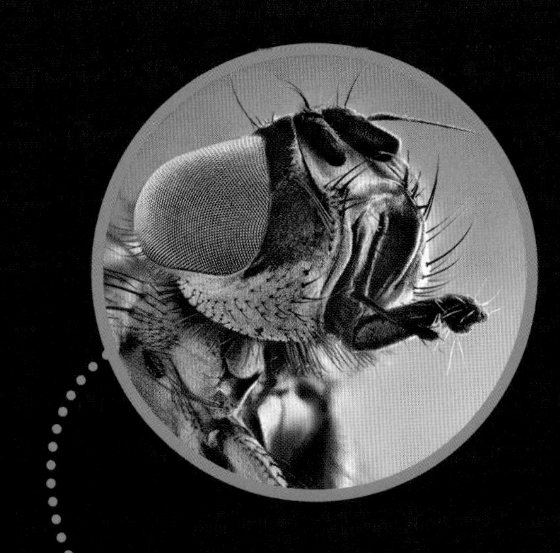
大大的眼睛、旺盛的毛发和舐吸式的口器是蝇类的典型特征。

食蚜蝇津津有味地享用花朵，从来不会叨扰人类。

家蝇访谈录

姓　名：家蝇
年　龄：2天
兴趣爱好：吃

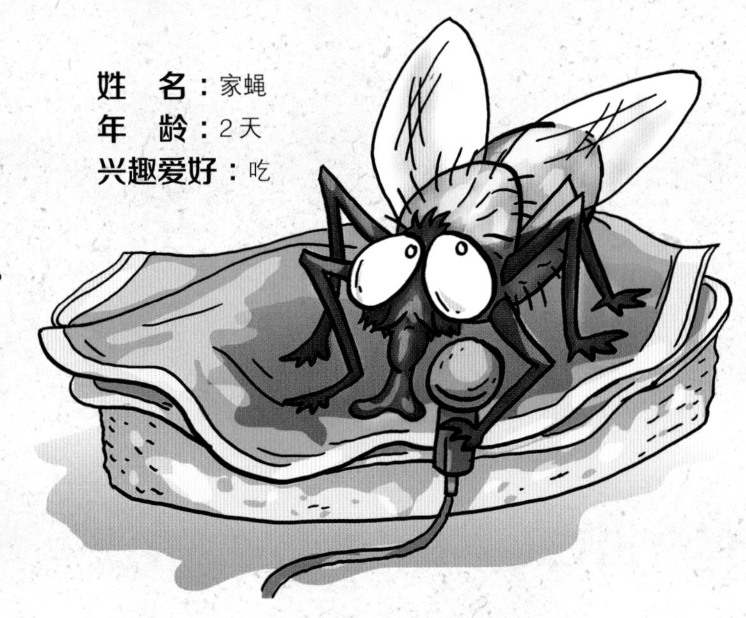

很高兴能采访你，但请你放开我的火腿三明治！

对不起，这闻起来还不赖，但这火腿会不会已经不新鲜了？

你是怎么知道的？

嗯，脚上的嗅细胞告诉我，火腿上的细菌已经开始分解了。

啊，真恶心！那请吧，给你吃！

说实话，我有责任。昨天我在切肉盘上待过一阵，可能带了一些细菌，但我不是故意的。

你为什么要到处闲逛？

我只是不想造成任何浪费。你们扔进垃圾桶的食物或其他动物不要的东西仍然很有营养，腐烂的东西对我没有一点害处。

但你会把各种各样的疾病传染给我们啊。

所以你们要把手洗干净，并且注意环境卫生。没有病菌的地方，我想传播也无从下手呀！

人类觉得你们很恶心，这一点你能理解吗？

这是你们自己造成的。如果没有人类，也不会有我们家蝇的存在。你们为我们提供了这么好的生活条件，我们别无选择，只能在世界各地安家。

终有一天我们会把你们统统消灭！

千万别这么想。你们这样只会滥杀无辜。知道吗？因为你们到处投毒，很多无害甚至有益的昆虫都灭绝了。反倒是我们，很快就适应了毒药。毕竟不是每种动物都有我们这么强的适应能力！

所以说，我们只能和你们一起生活吗？

那当然！我劝你乐观一点看待这个事情：鱼、蛙和鸟都喜欢吃我们。它们可是你们喜欢的东西哦。

蹦蹦跳跳的淘气鬼

唧，唧，唧——在夏天的傍晚，野外随处可以听见蟋蟀的叫声。但要想找到它们就困难得多了，因为它们身披着绿色或褐色的服装，躲藏在草丛里。一旦有人靠近它们的藏身之地，这些小动物就会大跃一步逃开。人们很少看见它们使用翅膀，尽管有些物种能够快速并且持久地飞行。

只有雄性蟋蟀才会“唱歌”，它们以此吸引雌性蟋蟀并与之交配。不同种类的蟋蟀虽然看上去非常相似，但是它们的“歌声”听起来有明显差别。它们通过摩擦身体的某些部位发出声音，通常是翅膀或腿。这种发出噪声的行为被称为“鸣声”。例如，德国本土蟋蟀的右前翅上有一排细齿状的发音齿，通过与左翅上的刮板相摩擦，发出刺耳的声音。另外，蝉与蟋蟀的演奏方式也大相径庭——蝉通过振动腹部的鼓膜发出声音。

大面积灾害

蝗虫经常大面积地破坏非洲的农作物。出于反抗，人们捉走这些小动物并吃掉它们。

音乐家

喜暖的家蟋蟀主要躲在人类的房屋里。

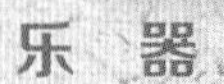

乐 器

通过摩擦翅膀上密密麻麻的发音齿，家蟋蟀发出响亮的唧唧声。

不可思议！

蝼蛄的挖掘足，看起来与鼹鼠的前爪很相像。虽然蝼蛄与鼹鼠分别是昆虫和哺乳动物，两者之间没有任何亲缘关系，但却有很多共同点：蝼蛄和鼹鼠都生活在地下，都会挖掘隧道。

绝 唱

以前，农村里到处都能听见野生蟋蟀唱歌，可惜现在这种歌声已经很稀少了。

圣经里的瘟疫

据《圣经》记载，在古埃及时期，人们就已经认识蝗虫，并且畏惧蝗灾的危害。

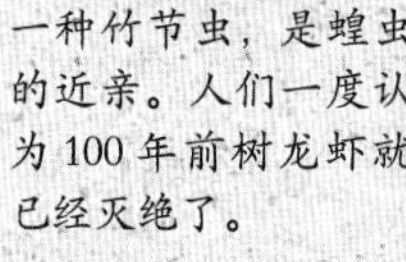

树龙虾是澳大利亚的一种竹节虫，是蝗虫的近亲。人们一度认为100年前树龙虾就已经灭绝了。

但在2001年，在远洋的一座火山岩小岛上的灌木丛中，研究人员重新发现了一群树龙虾。现在，人们正在对树龙虾进行复育。

关键看触角

根据触角的长短，人们把直翅目昆虫分为两类：螽亚目（剑尾亚目）和蝗亚目（锥尾亚目）。蟋蟀并不是蝗虫的代名词，而是剑尾亚目下的昆虫。

埃及蝗灾

蝗虫幼虫的外观与成虫十分相像，大部分物种以植物为食，少数过着掠食性生活。蝗虫对食物并不特别挑剔，这在昆虫中并不常见，虽然它们也会偏爱某些特定的饲料作物。但如果没有这些作物，它们也会啃咬其他绿色植物。强大的适应能力很好地解释了为什么蝗虫分布广泛。

在非洲和地中海东部沿岸地区，人们很害怕蝗虫，因为它们胃口很大。当这个拥有数百万个成员的群体突然出现时，整片田地就会转眼间被啃掉。在《圣经》中，这种贪婪的昆虫就有自己的一席之地：蝗灾是《圣经》记载的埃及十大灾难的第八灾，这是上帝对埃及人的惩罚，以此迫使法老王将摩西和他的子民以色列人从囚禁中释放。

绿色衬衫

这只绿叶螽斯是中欧最著名的螽斯，它身长4厘米多，喜欢高高的草丛。

还有哪些爬行家和飞行家？

昆虫王国可以分成大约30个目，因此生物学家称之为有亲属关系的物种构建的大家族。你已经认识了最重要的分目——鞘翅目、鳞翅目、膜翅目、双翅目和直翅目，下面还有几个有趣的昆虫分目。

这只欧洲球螋在守护它的卵。

这只溪岸蠼螋不仅会生活在河流和海洋沿岸，还生活在褐煤矿中。

蜚蠊目

蜚蠊目昆虫与过着群居生活的等翅目昆虫（通称白蚁，现在已被并入蜚蠊目）和螳螂目昆虫有着十分密切的亲缘关系。蜚蠊目昆虫是一个相当古老的群体，其幼虫经历不完全变态过程。它们大多喜欢温暖，生活在热带地区。我们身边也生活着一些有代表性的蜚蠊目昆虫，它们喜欢居住在供暖的楼房里，尤其是不讨喜的蟑螂，因为它们不讲卫生。

革翅目

革翅目昆虫不会像传说中那样爬进你的耳朵，也不会夹痛你，它们是无害的。一些物种，如我们身边常见的球螋，甚至因其捕食蚜虫而受到欢迎。另外，这些动物还会体贴地照顾后代，它们会保护自己的卵和幼虫并做好清洁，有些物种的母亲甚至会亲自喂养幼虫。

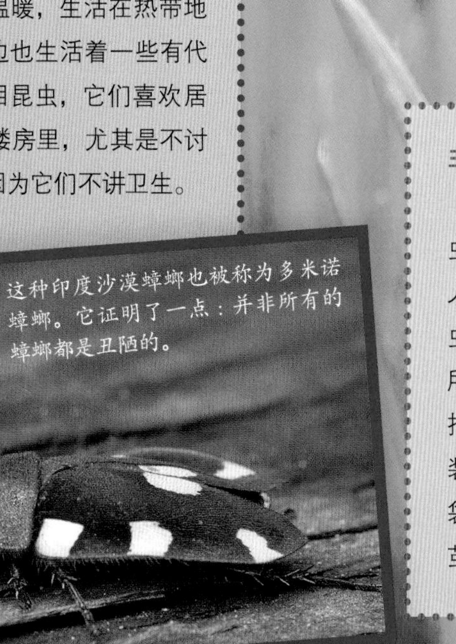

这种印度沙漠蟑螂也被称为多米诺蟑螂。它证明了一点：并非所有的蟑螂都是丑陋的。

毛翅目

大多情况下，毛翅目成虫因其长长的丝状触角而引人注目，但在水下生活的幼虫则因为建巢的天分而为人所知。它们借助黏性的丝，把植物茎、碎石或蜗牛壳组装成管状的巢筒。在这些钱袋状的结构中，幼虫最终结茧化蛹。

毛翅目幼虫是极富天赋的建筑师，有些物种喜爱用石头造房子。

有些毛翅目幼虫则偏爱用植物的茎造房子。

有的一日蝇幼虫甚至能在水下生存长达4年，这视物种而异。

蜉蝣目（一日蝇）

蜉蝣目又被称为一日蝇。“一日蝇”这个名字本身便说明了一切：在最后一次蜕变后，这些非常原始的昆虫成群结队地飞到空中，进行交配。之后，雌性一日蝇迅速地将卵投在水上——就这样，生命随之终结。与许多昆虫一样，一日蝇真正的生活也在幼虫期，并且是在水下度过，主要食用植物。由于它们只能在干净的小溪和河流中生存，因此很多物种都变得稀有。

我们可以从腹部的2条或3条尾须来识别一日蝇。

脉翅目

脉翅目昆虫通常很漂亮。属于这类昆虫的有大家熟知的普通绿色草蛉，它们偶尔会在冬天误入室内。它们的幼虫被誉为花园里勤奋的蚜虫清洁工。而其中最不常见的是蚁蛉——更确切地说，是蚁蛉的幼虫蚁狮。这种小动物在沙质土中建造好漏斗状陷阱，并把自己埋在坑底。当蚂蚁踏入漏斗时，就会滑入坑里，此时，蚁狮便会马上从坑底跳出来逮住猎物。

这种彩色椿象身披色彩斑斓的美丽背甲。

半翅目

半翅……是什么意思？你也许从来没听过这个名字，但它们是外翅总目中物种最丰富的群体。你肯定见到过臭虫、蚜虫、蝉等，它们都属于半翅目昆虫。这些昆虫都拥有刺吸式口器，通常用来吸食植物汁液，而猎蝽科的昆虫则用它来捕食其他各种昆虫。最惹人厌恶的半翅目昆虫当属吸血的床虱。

这只蚁狮埋伏在沙里，等候着那些毫无戒心的猎物。

蚁狮就这样从怪物般的幼虫变成一只精巧得惊人的昆虫——蚁蛉。

这只身长仅5毫米的黑圆角蝉在吸食植物汁液。

像其他很多蚜虫一样，雌性大豆蚜虫也是一出生就可以生育，并且可以在没有雄性蚜虫的情况下繁殖幼虫。

巨大的消亡

永远失去

这只华丽的斯氏燕蛾来自牙买加岛，在100多年前就已经灭绝了。

在你父母像你这么大的时候，那时的司机在夏天必须定期清洁车窗，因为上面粘着非常多的虫子尸体。而现在，车窗通常很干净，因为昆虫的数量已大大减少。不仅在德国如此，世界各地都一样。在欧洲，有约10%的蝴蝶、14%的蜻蜓和11%的蛀食木头的甲虫面临着灭绝的威胁。而对于很多不起眼的苍蝇、蚊子和其他微小的动物而言，人们根本无法确切知道它们物种的现状。由于大多数人不喜欢昆虫，因此很长一段时间以来，人们都没有意识到昆虫物种的灭绝。自然保护主义者为保护熊猫或大象等可爱的动物不遗余力，但是很少有人会提倡保护白斑窄吉丁和墙壁切叶蜂。这两种动物在德国濒临灭绝—— 数百种其他昆虫也同样如此。

大自然空空如也

稀有物种的消失只是其中一部分问题。长期以来，常见昆虫的物种数量也在以惊人的速度减少，连孔雀蛱蝶、荨麻蛱蝶这些普通物种都变得越来越罕见了。大自然正在变得空空如也。这对其他动物也影响颇深：如果没有昆虫，鸟类、刺猬、爬行动物、鱼类和青蛙统统都要饿死。而我们人类将来可能需要在水果和蔬菜上花费更多，因为如果没有足够的野蜂和食蚜蝇为农作物授粉，农业收成会非常差。造成昆

污 水

蜻蜓、蚊子和蜉蝣的幼虫只有在相对干净的水里才能存活。

杀虫剂也会误伤无害的昆虫。在葡萄园，种植者有时甚至会直接向空中喷洒有毒的农药。

单一树种

在这种单一树种的森林中，昆虫的种类很少。

虫数量减少的原因有很多：自然栖息地遭到破坏，被开发成耕地或建筑用地。热带森林被大面积砍伐，这给昆虫带来了灾难性的影响，因为森林中的昆虫物种数量最多，而这也是昆虫数量减少最重要的原因。森林里，许多甲虫物种赖以生存的老树和枯树变得十分稀少；昆虫幼虫生存所需的水域被化肥和化学物质污染；无处不在的光污染也迫害了无数的小生命——出于趋光的本能，每年有数亿的夜行性昆虫死于撞上路灯或车灯。

朽 木

老树或者朽木是众多甲虫的重要栖息地。

小帮手取代毒农药

从事有机农业的农户做出了示范：即使不使用有毒的农药，也可以有效地控制蚜虫、马铃薯叶甲虫和贪吃的毛毛虫。在有机农业中，来自大自然的有益昆虫扮演着重要角色，它们可以消灭农田里的害虫。例如，瓢虫和草蛉的幼虫能捕食大量的蚜虫；姬蜂也非常勤奋，它们用捕获的昆虫来喂养自己的后代。由于寄生蜂通常会专门针对某些害虫发动攻击，因此农民可以有针对性地投放这些有益的昆虫物种。

农药致死

在欧洲，昆虫物种灭绝的最大责任在于农民，因为他们在农田里喷洒农药。某些杀虫剂，如所谓的新烟碱类神经活性杀虫剂，会在植物上残留并积聚，而且不仅是田间，甚至附近的土地也会被污染。受污染的植物会长期保有毒性，并杀死啃咬植物茎叶或吮吸花蜜的昆虫。因此，喷洒这种杀虫剂的农民不仅灭掉了害虫，也误杀了蜜蜂和熊蜂等益虫。

人工蜜蜂

由于在一些地区野生蜜蜂种群已经灭绝或濒临灭绝，种植者必须对果树进行人工授粉。

由于热带雨林遭到严重破坏，无数昆虫物种随之消失，而这些昆虫大多是尚不为人所知的物种。

对昆虫的观察和保护

野花和薰衣草等花草提供给这只蜜蜂的不仅仅是丰富的食物。

幸运的是，帮助濒临灭绝的昆虫并不困难。由于昆虫体形微小，即使是在有限的区域内，自然保护工作也能有所作为。如果你家有花园，那么你可以说服父母开辟一块草地。高高的草丛和野花可以为蝴蝶，野蜂和蝗虫提供栖息地——相比打理草坪而言，还能少做很多工作!

园丁有各种各样的方法吸引昆虫：与常绿针叶林和修剪过的树篱相比，花灌木和灌木丛能养活更多的小动物。对昆虫而言，藏身之处和安家之地非常重要。因此，人们应该在花园里留下一些凌乱僻静的角落，种上一些低矮的树丛，堆放些许木头。许多野蜂喜欢定居在由空心植物茎秆和带孔的木块建造而成的昆虫旅馆，你可以在互联网上查找建造指南。即使你家里只有一个阳台，你也可以在盆了和箱子里种些野花，牛至、百里香、薰衣草和鼠尾草这样的香草深受蜜蜂和熊蜂喜爱；而蝴蝶则喜欢醉鱼草，因此醉鱼草也被称为“蝴蝶灌木”。

薰衣草田的探险

如果你躺在开花的草坪上，或是在香草丛前窥伺，过不了多久，你就能观察到第一批来访的昆虫。也许你会亲眼看见一只蜘蛛与一只不慎落入蛛网的胡蜂之间的对决，这一定会让你兴奋不已。

要是所有的花园都能布置得尽可能接近自然，那么我们的昆虫会生活得更好！

使用橡胶软管、容器和纱布自制的吸虫器，我们可以毫不费力地捕到昆虫。

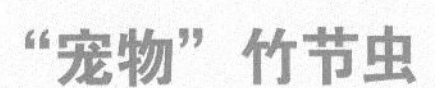

或者你会亲眼见证胡蜂猎捕熊蜂的过程。可惜昆虫通常都比较顽皮，很少会保持静止。因此我们经常难以确定眼前出现的是哪一个物种。在这种情况下，配有放大镜的观察盒就派得上用场了。当然，要想捕获较大的昆虫要非常小心！捕捉较大的昆虫要用到采集网，较小的则用自制吸虫器即可。吸虫器由两条软管和一个容器组成，用其中一根软管接近昆虫，再用嘴在另一根软管的一头用力吸气，“嗖”地一下，小动物就被困在容器里了。为了防止不小心误吞昆虫，你需要用纱布或绷带将容器底部的喷嘴挡住。另外，在观察结束后，请不要忘记把昆虫放回捕获的地方。

“宠物”竹节虫

对昆虫真正着迷的人，应该会想要长时间地观察标本。然而在德国，法律禁止人们从大自然中捕捉野生动物并据为己有。不过，我们可以去宠物店，那里有各种有趣的昆虫，它们在饲养容器中生活得很舒服。竹节虫就是一种特别受初级昆虫爱好者欢迎的宠物。

竹节虫虽然不像小狗一样可以舒服地抱在怀里，但也是一种很不错的宠物。

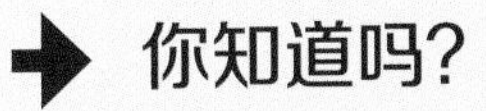

你知道吗？

在宠物店或网上商店，我们可以买到蝴蝶的幼虫，也就是毛毛虫。这种毛毛虫是人工饲养的，只要每天给它们提供新鲜的植物，毛毛虫就能在玻璃容器中健康成长。观察毛毛虫作茧成蛹，亲眼见到蝴蝶从蛹中破茧而出，这会是一次多么难忘的经历啊！

农业的转折点

如今不仅是昆虫处境恶劣，世界各地的其他动物种类也在日渐减少。因此，现在的农业亟须做出改变：农民应当减少农药和肥料在农田的使用，并为野生动植物留下更多的生存空间。

作为消费者，我们并非无计可施：不要总是购买最便宜的商品，多多购买有机食品，这样做有利于促进自然友好型农业的发展。

德国有机认证标志代表生态农业发展受到官方的严格监督。

欧盟有机认证标志确保农民遵守欧盟有关有机农业的法规。

太阳能电池上新型反射涂层的发明就参考了这只夜蛾的眼睛表面结构。

夜蛾的眼睛又大又明亮，甚至能捕捉到最微弱的光线。

昆虫给我们带来了哪些启发？

不同的栖息环境会对自然界提出不同的挑战，为应对挑战，不同的物种应运而生。大自然的答案常常可以用于解决类似的问题。迄今已知的 80 万种昆虫，很多都为我们发明有用的技术提供了切入点。例如，飞蛾的眼睛必须捕获尽可能多的光，才能在黑暗中看到尽可能多的东西。因此，飞蛾眼睛的表面几乎不反光。受这一结构的启发，科学家开发出了一种用于太阳能电池的涂层，这种涂层可以吸收更多的阳光，然后将其转化为电能。

白蚁穴的通风管道为制作新型空调提供了思路。在竹节虫的运动姿态中，工程师找到了研发机器人的灵感，这种机器人可以穿过崎岖不平的地面。

别致的衣裳

早在几千年前，通过观察昆虫，人们便产生了各种创造性的想法。其中最出众的应该是蚕丝的发现。家蚕的幼虫化蛹时，会吐丝把自己裹在茧里。这个茧由一根长达 1 000 多米的

你知道吗?

在谋杀案的侦破中，昆虫常常是重要的证人。根据物种的不同，蝇和甲虫有次序地对腐化中的尸体发动进攻。比方说，丽蝇是第一个在尸体上产卵的，因此，根据死者身上发现的幼虫，人们可以推测出其死亡的时间。此外，昆虫还能提供有关罪案现场的其他重要线索。

这个机器人能穿过崎岖不平的地面，并且不会被绊倒。

这个机器人的运动模拟了竹节虫的步态。

家 蚕

这些毛毛虫虽然相貌平平，却能吐出柔软而坚固的丝线。

任何其他织料都无法与真丝的美丽光泽相媲美。

如果不对蚕茧进行缫丝处理，蚕里就会飞出白色的蛾。

蚕丝组成，加工后能制成各种织物。中国是世界上最早栽桑养蚕、生产丝绸的国家。另外，南美和中美洲印第安人发现，从胭脂虫中能提取出一种朱红色染料。这种介壳虫通过吸取仙人掌的体液生长。如今，这种胭脂虫做成的胭脂红染料仍被用于食品和口红的着色剂。

脆口的蟋蟀，美味的蛆虫

目前正流行把昆虫驯化为食用动物。由于在大型畜栏中生产肉类会引起严重的环境问题，并给动物带来很大痛苦，所以专家们把昆虫视为一种健康的、富含蛋白质的替代品。当我们听到要食用昆虫时，尽管会觉得有点恶心，但在许多国家，松脆爽口的蟋蟀和美味多汁的蛆虫被视作精致的佳肴。谁又不喜欢吃可口的蟹肉料理呢? 但你知道蟹实际上跟昆虫是有亲缘关系的吗?

在德国，甚至有农场大规模繁殖蝇蛆。但这些蝇蛆不作为食品出售，而是用来加工成动物饲料。这个做法十分明智，因为农民目前主要用大豆喂养猪和家禽。而在南美，为了种植大豆，人们砍伐雨林，清理出土地用作耕地。

精致的佳肴

专家们认为，昆虫及其他节肢动物是未来解决饥饿问题的重要食物来源。

胭脂虫生活在仙人掌上。虽然胭脂虫的身体是白色的，但它们能为唇膏和食品提供红色染料。

食谱：香辣蝗虫

去掉翅和腿，把蝗虫放入锅中，无油干炒片刻，然后下一点油，并放入盐、胡椒粉和辣椒粉调味，一道香辣美食就出锅了。可食用蝗虫在互联网上即可订购。

昆虫知识大问答

没有哪一种动物群体能像昆虫那样种类繁多又出人意料。这些生物有的令人着迷，有的古怪奇特；造型上有的让人毛骨悚然，有的趣味十足；外观上有的其貌不扬，有的引人注目。另外，不是所有事物都如你第一眼所见的那样。你能认出下面图片是什么吗？

5

有时候，整体大于各部分加起来的总和。

6

它看起来相当恶心，但其实没有外表显示的那么让人讨厌。

7

不，这不是用来钻孔的工具。

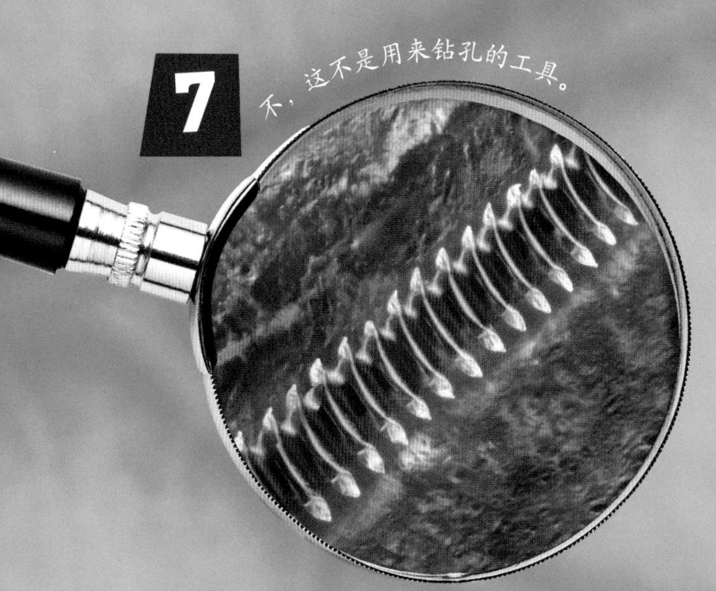

8

透过这个美丽的绿色圆球，能看见未来吗？

9

谁在这里呆呆地凝视呀？是长着超大眼睛的外星人吗？

答案：

①蝴蝶的口器（第8页）
②天蚕蛾毛毛虫（第16页）
③欧洲丽天牛（第28页）
④夜蛾的触角（第11页）
⑤蜂群（第25页）
⑥伪装成鸟粪的蜘蛛（第21页）
⑦家蟋蟀的发音齿（第36页）
⑧蝇的复眼（第10页）
⑨草蛉的卵（第17页）

名词解释

这只美丽的长鼻蜡蝉（俗称龙眼鸡）长着长长的喙，可以用来刺吸植物的汁液。

几丁质：一种抗撕裂但柔软的物质，可构成昆虫身体的外骨骼。

昆虫学家：这个词来源于古希腊语，指昆虫研究者。

进　化：生物在世代间的逐渐演变和不断发展的过程。

吸虫器：附带塑料软管和纱布的容器，用于保护性地捕捉昆虫。

节肢动物：动物界中相当庞大的群体，以分节的肢体为特点；除昆虫之外，还包括蜘蛛，甲壳类和千足虫等动物。

血淋巴：昆虫体内的血样液体，兼具血液和淋巴样组织液的特性。

尸　体：已死动物的遗体。

茧：由体内自身物质合成、用于保护幼虫或卵的外壳。

幼　虫：孵化后的昆虫幼体。

变　态：意为“面貌改变”，尤其是指昆虫幼体发育为成体的过程。成体与幼体在形态构造上通常差异很大。

花　蜜：开花植物的花分泌的水状含糖汁液，用来吸引昆虫充当传粉的媒介。

新烟碱：一种对昆虫具有较强杀灭作用的农药，可能是许多昆虫物种消亡的重要原因。

有益动物：被农民用来以环保的方式消灭害虫的昆虫或其他动物。

寄生物：指过着寄生生活的生物，它们以另一种生物的肉体或体液为营养来源，或者盗取其他生物的食物，抑或是让其他动物帮忙抚养后代。

拟寄生物：指最后会将宿主杀死的寄生物。

花　粉：有花植物雄蕊中的生殖细胞。

蛹：一些昆虫从幼虫过渡到成虫的最后一个发展阶段，在这个虫期，幼虫不再活动，外部形成保护外壳。

物　种：对于生物种类的别称。

鸣　声：在本书中指昆虫通过摩擦身体的特定部分发出噪声的现象，如摩擦腿或翅膀。

气　管：昆虫用于呼吸的器官。

热　带：赤道南北两侧的湿热地区，物种特别丰富。

紫外线：人眼无法感知的高能量光线，但有一些昆虫能看见紫外线波段。

遗传学：研究生物体如何将某些特征传递给后代的科学。

脊椎动物：指有脊椎骨连接而成的脊柱的动物。

图片来源说明 /images sources :

Alexandre Somavilla, Manaus: 4 下方; Archiv Tessloff: 43 右上 (Exhaustor); Bundesministerium für Ernährung und Landwirtschaft (BMEL): 43 右下 (Bio-Siegel); Europäische Kommission: 43 右下 (Bio-Siegel); Kolb, Arno: 6 右上, 8-9, 24 右中; Laska Grafix: 3 右上, 6 左下, 26-27, 35 右上; mauritius images: 11 中 (blickwinkel/Alfred Schauhuber), 12 右上 (The Natural History Museum/Alamy), 22 左上 (Lee Dalton/Alamy), 28 左下 (DP Wildlife Invertebrates/Alamy), 40 右上 (United Archives), 41 左下 (Nigel Cattlin/Alamy); Museum für Naturkunde Berlin: 4 上中 (Hwa Ja Götz); Nature Picture Library: 2 右上 (Ingo Arndt), 7 左上 (Dietmar Nill), 7 右下 (Wüste: Richard Du Toit), 8 左上 (Mundwerkzeug: Ingo Arndt), 12 左下 (Solvin Zankl), 16 右上 (Robert Thompson), 17 右下 (Photographer Wild Wonders of Europe/Zupanc), 18 左上 (James Dunbar), 19 右上 (Nature Production), 20 左上 (Nick Garbutt), 21 右下 (Ingo Arndt), 24 左 (Konrad Wothe), 30 左上 (Ingo Arndt), 33 右下 (Lorraine Bennery), 41 右下 (Jabruson), 45 右上 (Jane Burton), 46 左下 (Robert Thompson); picture alliance: 3 右下 (Fu Xinchun/Featurechina/ROPI), 5 左中 (blickwinkel/H. Duty), 5 右中 (blickwinkel/fotototo), 6 左上 (CAF/PAP), 7 右上 (Schneefloh: blickwinkel/Hecker/Sauer), 8 左上 (Rüssel gerollt: blickwinkel/F. Hecker), 8 中下 (Bein: blickwinkel/fotototo), 8 右下 (Patarino Gian Carlo/prismaonline), 10 右上 (Wissen Media Verlag), 10 中下 (blickwinkel/M. Lenke), 10 右下 (Arco Images/Sunbird Images), 11 右上 (blickwinkel/F. Hecker), 13 中上 (blickwinkel/A. Hartl), 13 中 (Silberfischen: Sunbird Images/Arco Images), 14 右上 (blickwinkel/F. Hecker), 15 右下 (STEPHEN DALTON/NHPA/photoshot), 15 右中 (blickwinkel/F. Hecker), 15 右上 (Stephen Dalton/Minden Pictures), 17 左下 (Minden Pictures/Piotr Naskrecki), 17 左上 (blickwinkel/McPHOTO), 17 右上 (B.Borrell/WILDLIFE), 21 左中 (Alan J. S. Weaving/ardea.com / Mary Evans Picture Library), 21 中下 (F. Hecker/blickwinkel), 21 右中 (Klaus Jäkel/OKAPIA), 22 右下 (blickwinkel/P. Schuetz), 23 左下 (Mark Moffett/Minden Pictures), 23 右下 (Keystone Karl Grob/ZPress), 28 右上 (STEPHEN DALTON/NHPA / photoshot), 28 右下 (blickwinkel/A. Hartl), 29 中下 (J. Fieber/Arco Images), 29 右上 (Thomas Marent/Minden Pictures), 30 左下 (Hinze, K./Arco Images GmbH), 31 中上 (blickwinkel/F. Fox), 31 (Waldhaeusl/ Arco Images GmbH), 32 左上 (David Peskens/natureinstock), 33 左中 (WILDLIFE/D.Harms), 33 左上 (blickwinkel/F. Hecker), 33 中上 (blickwinkel/Hecker/Sauer), 33 右上 (Sunbird Images/Arco Images GmbH), 34 右上 (WILDLIFE/D.Harms), 34 中 (blickwinkel/J. Kottmann), 36 左上 (Ingo Arndt/Minden Pictures), 36 右下 (M. Lenke), 36 中下 (Piotr Naskrecki/Minden Pictures), 37 右下 (Insel: Jean-Paul Ferrero/ardea.com/Mary Evans Picture Library), 37 右中 (Hand: Tracey Nearmy/AAP), 37 右上 (Steve Hopkin/ardea.com/Mary Evans Picture Library), 38 右下 (blickwinkel/A. Hartl), 38 右下 (Stephen Dalton/NHPA/photoshot), 38 左下 (WILDLIFE/F.Teigler), 39 左上 (blickwinkel/A. Hartl), 39 左下 (Ameisenlöwe: blickwinkel/H. Bellmann/F. Hecke), 39 右下 (Zikade: blickwinkel/H. Bellmann/F. Hecke), 40 下方 (Westend61 / Martin Moxter), 40 右中 (Kjell-Arne Larsson/OKAPIA), 41 右中 (Fu Xinchun/Featurechina/ROPI), 42 右上 (Andrea Warnecke), 43 左上 (O. Diez/Arco Images GmbH), 44 左上 (blickwinkel/M. Lenke), 45 右上 (WILDLIFE/B.Stein), 45 左下 (J. C. Carton/Bruce Coleman/Photoshot), 46 右下 (blickwinkel/F. Hecker), 46 左上 (blickwinkel/F. Hecker), 47 左下 (Minden Pictures/Piotr Naskrecki), 47 右上 (Alan J. S. Weaving / ardea.com/Mary Evans Picture Library), 47 左中 (blickwinkel/M. Lenke); Senckenberg Museum: 12 右下 (Dr. Burkhardt/UFT/Universität Bremen); Shutterstock: 1 (Wichien Tepsuttinun), 2 左中 (MURGVI), 2 右中 (ekawatchaow), 2 右下 (Hirschkäfer:), 3 左上 (Michael Potter11), 3 左中 (Michael Fitzsimmons), 5 右上 (Chepko Danil Vitalevich), 5 左下 (YK), 7 右上 (Gletscher: nullplus), 7 左中 (Giraffenhalskäfer: Dennis van de Water), 7 左中 (Regenwald: AustralianCamera), 7 右中 (Ameisenbau: chudoba), 7 左下 (Gelbrandkäfer: Martin Pelanek), 7 中 (Hirschkäfer:), 8 右上 (Sebastian Janicki), 9 左上 (symbiot), 9 右下 (guraydere), 9 右上 (Potapov Alexander), 10 左上 (MURGVI), 13 中下 (Biene: pixelman), 13 右上 (asawinimages), 13 右中 (Spinne: Tom Franks), 13 右下 (Krebs: EricIsselee), 14 左上 (Paul Reeves Photography), 16 左 (Panaiotid), 16 中下 (Andrew Skolnick), 18 右中 (Dennis van de Water), 19 左下 (ekawatchaow), 19 右下 (Evgeniy Melnikov), 20 中下 (dadalia), 21 左下 (Zety Akhzar), 21 中上 (Henrik Larsson), 23 右上 (Anatolich), 23 中 (Somboon Bunproy), 25 右上 (AmyLv), 25 右中 (7th Son Studio), 25 中下 (Termitenhügel: Byelikova Oksana), 28 中下 (aabeele), 28-29 背景图 (Rad Radu), 29 右下 (Michael Potter11), 29 左上 (ChinKC), 29 左下 (lkpro), 30-31 背景图 (Calin Tatu), 30 右上 (Michael Fitzsimmons), 30 右中 (John A. Anderson), 31 中下 (Cosmin Manci), 31 右上 (Rostislav Kralik), 31 中 (JHVEPhoto), 32 右下 (Irina Kozorog), 32 左下 (Pavel Krasensky), 34 右下 (Sebastian Janicki), 34 左下 (chinahbzyg), 37 左上 (D. Kucharski K. Kucharska), 37 右下 (ajt), 38 中上 (Pavel Krasensky), 38 右上 (Andrea Mangoni), 39 右上 (Zadiraka Evgenii), 39 右下 (Blattläuse: mattckaiser), 39 右中 (Blattwanze: Henri Koskinen), 39 左下 (Ameisenjungfer: alslutsky), 41 右上 (Mykola Mazuryk), 41 中上 (Andreas Altenburger), 42 左 (Vitaliy Hrabar), 43 右上 (Ger Bosma Photos), 43 中下 (Hand: David W. Leindecker), 44 右上 (Diyana Dimitrova), 44 右下 (Eric Isselee), 45 中 (Seidenstoff: Sergey Novikov), 45 中下 (Kind: SimonVera), 45 右下 (Food: Cardaf), 46 中 (aabeele), 46 (Lupe: Vitaly Korovin), 47 右中 (MURGVI), 47 左上 (AmyLv), 47 右下 (Zettel: Lyudmyla Kharlamova), 47 (Lupe: Vitaly Korovin), 48 (yod67); Universität Bielefeld: 3 左下 (CITEC), 44 左下 (CITEC); Wikipedia: 2 中下 (CC BY-SA 3.0/Hcrepin), 15 左下 (CC BY-SA 3.0/Hcrepin), 37 左中 (PD); Wild Alexander: 11 右下)

封面：Shutterstock: 封 1 (nhungboon), 封 4 (Lamyai)

设计：independent Medien-Design

内 容 提 要

本书介绍了昆虫的多样性、身体特征、演变过程、生活习性和生存策略，着重介绍了常见的膜翅目、直翅目与双翅目昆虫，激起小读者对昆虫的兴趣，思考昆虫对于生态的重要意义以及人类与它们之间的关系。《德国少年儿童百科知识全书·珍藏版》是一套引进自德国的知名少儿科普读物，内容丰富、门类齐全，内容涉及自然、地理、动物、植物、天文、地质、科技、人文等多个学科领域。本书运用丰富而精美的图片、生动的实例和青少年能够理解的语言来解释复杂的科学现象，非常适合7岁以上的孩子阅读。全套图书系统地、全方位地介绍了各个门类的知识，书中体现出德国人严谨的逻辑思维方式，相信对拓宽孩子的知识视野将起到积极作用。

图书在版编目（CIP）数据

奇妙的昆虫 /（德）雅丽珊德拉·里国斯著；梁进杰译. -- 北京：航空工业出版社，2022.10
（德国少年儿童百科知识全书：珍藏版）
ISBN 978-7-5165-3030-6

Ⅰ. ①奇… Ⅱ. ①雅… ②梁… Ⅲ. ①昆虫－少儿读物 Ⅳ. ①Q96-49

中国版本图书馆 CIP 数据核字（2022）第 074812 号

著作权合同登记号
图字 01-2022-1312

INSEKTEN Überlebenskünstler auf sechs Beinen
By Alexandra Rigos

奇妙的昆虫
Qimiao De Kunchong

航空工业出版社出版发行
（北京市朝阳区京顺路 5 号曙光大厦 C 座四层　100028）
发行部电话：010-85672663　010-85672683

鹤山雅图仕印刷有限公司印刷　全国各地新华书店经售
2022 年 10 月第 1 版　2022 年 10 月第 1 次印刷
开本：889×1194　1/16　字数：50 千字
印张：3.5　定价：35.00 元

WAS IST WAS
船的故事

WAS IST WAS
飞机的秘密
人类飞行的梦想

WAS IST WAS
火山探秘
来自地底的火焰

WAS IST WAS
七大奇迹
上古时期的宝藏

WAS IST WAS
汽车世界
精彩的汽车发展史

WAS IST WAS
鲨鱼家族

WAS IST WAS
百变天气
阳光、风和暴雨

WAS IST WAS
穿越大自然
探究与保护

WAS IST WAS
鲸和海豚
海洋里的哺乳动物

WAS IST WAS
恐龙王国
永远消失的地球霸主
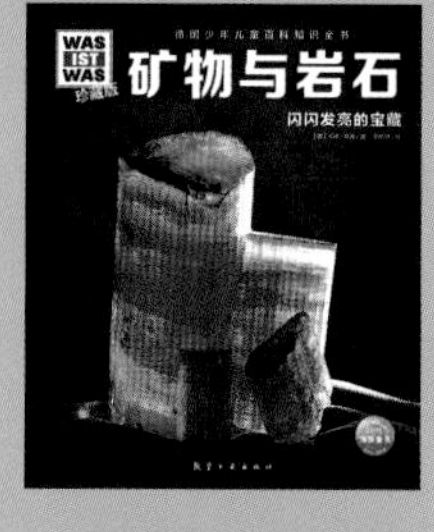
WAS IST WAS
矿物与岩石
闪闪发亮的宝藏

WAS IST WAS
爬行与两栖动物
壁虎、林蛙和巨蜥

WAS IST WAS
大自然的力量
难以估量的威力

WAS IST WAS
改变世界的电
高电压与超导体

WAS IST WAS
各种各样的鱼
水下的奇妙世界

WAS IST WAS
猫的家族
拥有柔软脚爪的敏捷猎手

WAS IST WAS
奇境森林
动物和植物的天堂

WAS IST WAS
忠诚的狗

WAS IST WAS
浩瀚宇宙
宇宙的秘密

WAS IST WAS
狼的故事
走进荒野猎食者的领地

WAS IST WAS
蚂蚁和白蚁
了不起的建筑师

WAS IST WAS
美丽的蝴蝶
色彩斑斓的自然精灵

WAS IST WAS
蜜蜂和胡蜂
美味的蜂蜜与可怕的螫针

WAS IST WAS
潜水的魅力
潜入水下的迷人世界

WAS IST WAS
古老的希腊文明
诸神、英雄和诗人

WAS IST WAS
古罗马生活
古罗马城的社会百态

WAS IST WAS
欧洲风情
人口、国家和文化

WAS IST WAS
骑士时代
城堡、比武大会和贵族女性

WAS IST WAS
舞动的音符
走进音乐的奇妙世界

WAS IST WAS
古老的城堡
中世纪的见证

WAS IST WAS
熊的秘密生活
棕熊、大熊猫、北极熊

WAS IST WAS
化石档案
生命的痕迹

WAS IST WAS
奇妙的昆虫
六条腿的生存艺术家

WAS IST WAS
极地世界
生活在冰雪王国

WAS IST WAS
神秘的蜘蛛
丝线上的猎手

WAS IST WAS
大象王国
温和的"巨人"

WAS IST WAS
海底宝藏
沉没的宝藏
2023 NEW

WAS IST WAS
海洋之谜
海洋研究与保护
2023 NEW

WAS IST WAS
火星登陆
红色星球定居计划
2023 NEW

WAS IST WAS
忙碌的农场
动物、植物与农业机械
2023 NEW

WAS IST WAS
时尚魅影
时尚的古与今
2023 NEW

WAS IST WAS
全球气候
冰期和气候变化
2023 NEW